操作系统原理实习指导书

CAOZUO XITONG YUANLI SHIXI ZHIDAOSHU

谷淑化　张　霞　张求明　常　虹　编著

中国地质大学出版社有限责任公司
ZHONGGUO DIZHI DAXUE CHUBANSHE YOUXIAN ZEREN GONGSI

图书在版编目(CIP)数据

操作系统原理实习指导书/谷淑化，张霞，张求明，常虹编著.—武汉：中国地质大学出版社有限责任公司，2011.11

ISBN 978-7-5625-2743-5

Ⅰ.操…
Ⅱ.①谷…②张…③张…④常…
Ⅲ.操作系统-高等学校-教材
Ⅳ.TP316

中国版本图书馆 CIP 数据核字(2011)第 211464 号

操作系统原理实习指导书 **谷淑化 张 霞 张求明 常 虹 编著**

责任编辑：胡珞兰 责任校对：张咏梅

出版发行：中国地质大学出版社有限责任公司(武汉市洪山区鲁磨路 388 号) 邮政编码：430074
电 话：(027)67883511 传 真：67883580 E-mail：cbb@cug.edu.cn
经 销：全国新华书店 http://www.cugp.cug.edu.cn

开本：787 毫米×1 092 毫米 1/16 字数：125 千字 印张：4.875
版次：2011 年 11 月第 1 版 印次：2011 年 11 月第 1 次印刷
印刷：教文印刷厂 印数：1—1 000 册

ISBN 978-7-5625-2743-5 定价：12.00 元

中国地质大学(武汉)实验教学系列教材

编 委 会 名 单

前 言

操作系统是计算机软件系统的核心，是所有计算机系统的基础和支撑，它管理和控制着计算机系统中的软硬件资源，并为用户使用计算机提供一个方便灵活、安全可靠的工作环境，可以说操作系统是计算机系统的灵魂。本书遵循操作系统原理课程的教学大纲的要求，针对计算机相关专业本科生的专业定位和人才培养目标而编写。

由于操作系统原理过于抽象，要真正理解操作系统的概念，必须将原理与实践相结合。操作系统原理课程的实验环节一直是该课程的难点。本书通过 Windows 操作系统的编程接口，提供了一些编程实例，使学生对操作系统有一个明确清晰的认识，在程序设计方面也得到训练。

本书由 5 章组成，建议课堂讲授 44 学时，实验 20 学时。

第 1 章　进程管理。主要介绍程序的并发执行，进程的概念、状态及其转换，进程同步与互斥的概念及各种实现策略。建议实验 6 学时。

第 2 章　资源管理。主要介绍进程调度算法，死锁的概念、死锁的预防与避免以及银行家算法。建议实验 4 学时。

第 3 章　存储管理。主要介绍存储管理的概念和管理的目的，存储管理的四大基本功能——内存分配与回收、逻辑地址到物理地址的转换、存储保护和内存扩充，实存管理和虚存管理的各种策略。本章重点是各页面置换算法的实现。建议实验 4 学时。

第 4 章　文件管理。主要介绍文件系统的概念、文件的组织结构及存取方法、文件存储空间的管理、文件的安全与保护。建议实验 4 学时。

第 5 章　磁盘管理。主要介绍磁盘调度的概念。通过磁盘调度算法模拟设计，掌握各种磁盘调度算法的思想。建议实验 2 学时。

本书每章由实验目的、预备知识和实验内容组成，并配有大量习题及参考答案。

本书第 1 章至第 5 章由谷淑化编写，附录由张霞编写，常虹参与了本书的资料整理、编辑修订等工作，全书由张求明、童恒建统稿，并提出了宝贵意见。教材编写委员会和中国地质大学出版社有限责任公司在本书的出版过程中给予了大力支持。在此一并表示衷心地感谢！

由于作者水平有限，书中存在疏漏与错误在所难免，敬请读者批评指正。

作者

2011 年 8 月 1 日

目　录

第 1 章　进程管理

1.1　进程互斥

1.1.1　实验目的

(1)加深对进程概念的理解,明确进程和程序的区别。进一步认识并发执行的实质。

(2)分析进程竞争资源的现象,学习解决进程互斥的方法。

(3)通过调试和编写进程调度程序,加深对进程相关概念和进程调度的理解。

1.1.2　预备知识

1.1.2.1　进程的定义

进程的概念是 20 世纪 60 年代初期,首先由麻省理工学院的 MULTICS 系统和 IBM 公司的 TSS/360 系统引入的。其后,有许多学者对进程下过各种定义。下面,仅列举几种比较能反映进程实质的定义。

· 行为的一系列规则叫做程序,程序在处理机上执行时所发生的活动称为进程(Dijkstra)。

· 进程是这样的计算部分,它是可以和其他计算并行的一个计算(Donovan)。

· 进程(有时称为任务)是一个程序与其数据一道通过处理机的执行所发生的活动(Alan. C. Shaw)。

· 进程是执行中的程序(Ken Thompson and Dennis Ritchie)。

· 进程,即是一个具有一定独立功能的程序关于某个数据集合的一次活动。

1.1.2.2　进程与程序的区别

· 程序是指令的集合,是静态的概念。进程是程序在处理机上的一次执行的过程,是动态的概念。程序可以作为软件资料长期保存。进程是有生命周期的。

· 进程是一个独立的运行单位,能与其他进程并行(并发)活动。而程序则不能。

· 进程是竞争计算机系统有限资源的基本单位,也是进行处理机调度的基本单位。

· 一个程序可以作为多个进程的运行程序,一个进程也可以运行多个程序。

1.1.2.3　进程的状态

进程的基本状态包括就绪状态、运行状态和等待状态。

· 就绪状态(Ready)。存在于处理机调度队列中的那些进程,它们已经准备就绪,一旦得到 CPU,就立即可以运行,这些进程所取得的状态为就绪状态(有多个进程处于此状态)。

· 运行状态(Running)。当进程由调度/分派程序分派后，得到 CPU 控制权，它的程序正在运行，该进程所处的状态为运行状态(在系统中，总只有一个进程处于此状态)。

· 等待状态(Wait)。若一个进程正在等待某个事件的发生(如等待 I/O 的完成)，而暂停执行，这时，即使给它 CPU 时间，它也无法执行，则称该进程处于等待状态。

1.1.2.4 进程控制块

存放进程的管理和控制信息的数据结构称为进程控制块。它是进程管理和控制的最重要的数据结构，在创建时，建立 PCB，并伴随进程运行的全过程，直到进程撤消而撤消。PCB 就像我们的户口。

1.1.2.5 进程互斥

在操作系统中，当某一进程正在访问某临界区时，就不允许其他进程进入，否则就会发生(后果)无法估计的错误。我们把进程之间的这种相互制约的关系称为进程互斥。

1.1.2.6 Windows 下的系统调用

Windows 所创建的每个进程都从调用 Create Process()API 函数开始，该函数的任务是在对象管理器子系统内初始化进程对象。每一个进程都以调用 Exit Process 或 Terminate Process()API 函数终止。通常应用程序的框架负责调用 Exit Process()函数。对于 C++运行库来说，这一调用发生在应用程序的 main()函数返回之后。

· 创建进程。Create Process()函数调用的核心参数时刻执行文件运行时的文件名及其命令性。表 1.1 详细地列出了每个参数的类型和名称。

表 1.1 Create Process()函数的参数

参数名称	使用目的
LPCTSTR lp Applivation Name	全部或部分的知名包括可执行的 exe 文件的文件名
LPCTSTR lp Command Line	向可执行文件发送的参数
LPSECURIITY_ATTRIBUTES Lp Process Attributes	返回进程句柄的安全属性。主要指明这一句柄是否由其他进程所继承
LPSECURIITY_ATTRIBUTES Lp Thread Attributes	返回进程的主线程的句柄的安全属性
BOOL b Inherit Handle	一种标志，告诉系统允许新进程继承创建者进程的句柄
DWORD dw Creation Flage	特殊的创建标志(如 CREATE_SUSPENDED)的位标记
LPVOID lp Environment	向新进程发送的一套环境变量，如为 null 值则发送调用者环境
LPCTSTR lp Current Directory	新进程的启动目录
STARTUPINFO lp Startup Info	STARTUPINFO 结构，包括新进程的输入和输出配置的详情
LPPROCESS_INFORMATION Lp Process Information	调用的结果块；发送新应用程序的进程和主线程的句柄和 ID

可以指定第 1 个参数，即应用程序的名称，其中包括相对于当前进程的当前目录的全路径或者利用搜索方法找到的路径；lp Command Line 参数允许调用者向新应用程序发送数据；接下来的 3 个参数与进程和它的主线程以及返回的指向该对象的句柄的安全性有关。

然后是标志参数，用以在 dw Creation Flags 参数中指明系统应该给予新进程什么行为。经常使用的标志是 CREATE_SUSPNDED，告诉主线程立即暂停。当准备好时，应该使用

Resume Thread()API 来启动进程。另一个常用的标志是 CREATE_NEW_CONSOLE,告诉新进程启动自己的控制台窗口,而不是利用父窗口。这一参数还允许设置进程的优先级,用以向系统指明,相对于系统中所有其他活动进程来说,给此进程多少 CPU 时间。

接着是 Create Process()函数调用所需要的 3 个通常使用默认值的参数。第 1 个参数是 lp Environment 参数,指明为新进程提供的环境;第 2 个参数是 lp Current Diredtory,可用于向主创进程发送与默认目录不同的新进程使用的特殊的当前目录;第 3 个参数是 STARTUPINFO 数据结构所必需的,用于在必要时知名新应用程序的主窗口的外观。

Create Process()函数的最后一个参数是用于新进程对象及其主线程的句柄和 ID 的返回值缓冲区。以 PROCESS_INFORMATION 结构中返回的句柄调用 Close Handle()API 函数是重要的,因为如果不将这些句柄关闭,有可能危及进程终止之前任何未释放的资源。

· 正在运行的进程。

如果一个进程拥有至少一个执行线程,则为正在系统中运行的进程。通常,这种进程存在。当主线程结束时,调用 Exit Process()API 函数,通知系统终止它所拥有的所有正在运行、准备运行或正在挂起的其他线程。当进程正在运行时,可以查看它的许多特性,其中少数特性也允许加以修改。

首先可查看的进程特性是系统进程标识符(PID),可利用 Get Current Process Id()API 函数来查看,与 Get Current Process()相似,对该函数的调用性不能失败,但返回的 PID 在整个系统中都可使用。其他的可显示当前进程信息的 API 函数还有 Get Startup Info()和 Get Process Shutdown Parameters(),可给出进程存活期内的配置详情。

通常,一个进程需要它的运行期环境的信息。例如 API 函数 Get Module File Name()和 Get Command Line()可以给出用在 Create Process()中的参数以启动应用程序。在创建应用程序时刻使用的另一个 API 函数是 Is Debugger Present()。

可利用 API 函数 Get Cui Resources()来查看进程的 GUI 资源。此函数即可返回指定进程中的打开的 GUI 对象的数目,也可返回指定进程中打开的 USER 对象的数目。进程的其他性能信息可通过 Get Process Io Counters()、Get Process Priority Boost()、Get Process Times()和 Get Process Working Set Sise()API 得到。以上这几个 API 函数都只需要具有 PROCESS_QUERY_INFORMATION 访问权限的指向所感兴趣进程的句柄。

另一个可用进程信息查询的 API 函数是 Get Process Version()。此函数只需感兴趣进程的 PID(进程标识号)。这一 API 函数与 Get Version Ex()共同作用,可确定运行进程的系统的版本号。

· 终止进程。

所有进程都是以调用 Exit Process()或者 Terminate Process()函数结束的。但最好使用前者而不要使用后者,因为进程是在完成了它的所有的关闭"职责"之后以正常的终止方式来调用前者的。而外部进程通常调用后者即突然终止进程的进行,由于关闭时的途径不太正常,有可能引起错误的行为。

Terminate Process()API 函数只要打开带有 PROCESS_TERMINATE 访问权的进程对象,就可以终止进程,并向系统返回指定的代码。这只是一种"野蛮"的终止进程的方式,但有时却是需要的。

如果开发人员确实有机会来设计"谋杀"(终止别的进程的进程)和"受害"进程(被终止的

进程)时,应该创建一个进程间通信的内核对象——一个互斥程序,这样一来,“受害”进程只在等待或周期性地测试它是否应该终止。

·等待函数。

使用等待函数既可以保证线程的同步,又可以提高程序的运行效率。最常用的等待函数是 WaitForSingleObject,该函数的声明如下:

DWORDWaitForSingleObject (HANDLE h Handle, DWORD dwMilliseconds);

参数 hHandle 是同步对象的句柄。参数 dwMilliseconds 是以毫秒为单位的时间间隔,如果该参数为 0,那么函数就测试同步对象的状态并立即返回,如果该参数为 INFINITE,则超时间隔是无限的。

WaitForSingleObject 的返回值如表 1.2 所示。

表 1.2　WaitForSingleObject 返回值

返回值	含　义
WAIT_FAILED	函数失败
WAIT_OBJECT_0	指定的同步对象处于有信号的状态
WAIT_ABANDONED	拥有一个 mutex 的线路已经中断了,但未释放该 mutex
WAIT_TIMEOUT	超时返回,并且同步对象无信号

1.1.3　实验内容

1.1.3.1　进程的创建

【实验 1】　阅读下面源程序,完成实验任务。利用系统调用 fork()创建两个子进程,当此程序运行时,在系统中有一个父进程和两个子进程活动。让每一个进程在屏幕上显示一个字符:父进程显示字符“a”;子进程分别显示字符“b”和字符“c”。

```
#include<stdio. h>
main ( )
{
    int, p2;
    while ((p1=fork ( )) ==- 1)          /* 创建子进程 p1 */
    if (p1==0)    put char ('b');
    else
        {
            while((p2=fork())==- 1);     /* 创建子进程 p2 */
            if (p2==0)    putchar ('c');
            else    put char ('a')
            }
}
```

实习任务：

(1)多次运行程序，分析为什么有不同的执行结果。

(2)模仿上述程序，编程使用 fork()创建一个子进程，要求在父、子进程中显示出 fork()的返回值及父、子进程的唯一 pid 值。

1.1.3.2 进程的控制

【实验 2】 修改已编写的程序，将每一个进程输出一个字符改为每一个进程输出一句话。阅读源程序，完成实验任务。

```
#include<stdio. h>
main ( )
{
        int p1, p2, I;
        while ((p1=fork ( )) ==- 1)                    /* 创建子进程 p1 */
        if (p1==0)
                for( i=0; i<10; i++)
                        printf ("daughter % d\ n" ,i)
        else
           {
                    while((p2=fork( ))==- 1);       /* 创建子进程 p2 */
                    if (p2==0)
                        for (i=0; i<10; i++)
                                printf ("son % d\ n", i)
                  else
                        for (i=0; i<10; i++)

                                printf ("parent % d\ n", i)
           }
    }
```

实验任务：

(1)多次运行程序，分析为什么有不同的执行结果。

(2)将 for(i=0; i<10; i++)改为 for(i=0; i<100; i++)并分析执行结果的变化。

【实验 3】 下面的程序演示 fork( )和 exec( )联合使用的情况。阅读源程序，完成实验任务。

```
#include<stdio.好》
#include<unistd. H>
main ( )
{
    int pid;
    pid =fork ( )                              /* 创建子进程 */
    switch (pid)
```

```
        {
            case    -1;                     /* 子进程 */
                    printf ("fork fail! \n");
                    exit (1)
            case     0;                     /* 子进程 */
                    if (execl ("/bin/ls"," - 1"," - color", NULL) <0
                     {printf ("exec fail! \n");
                     exit (1)
                     }
            default:                        /* 父进程 */
                     wait(NULL);    /* 同步 */
                     printf ("ls completed! \n")
         }
    }
```

实验任务：

(1)写出执行结果第 1 行:(按倒序)列出当前目录下所有文件和子目录。

(2)写出 s －1 的结果,最后一行,与(1)中执行结果的第 1 行比较。

1.1.3.3　文件的加锁、解锁

【实验 4】　下面的程序演示了系统调用 lockf()的使用。阅读源程序,完成实验任务。

```
#include<stdio.h>
#include<unistd.h>
Main ()
{
int p1, p2, I;
FILE * fp
fp=fopen ("to_be_locked. Txt","w+")
if (fp==NULL)
   {
    printf ("Fail to creat file")
    exit ( - 1)
   }
          while((p1=fork( ))==- 1)        /* 创建子进程 p1 */
if (p1==0)
   {
    lockf((int),1,0);                /* 加锁 */
    for (i=0; I<10; i++)
    fprintf (fp,"daughter % d\ n" ,i)
    lock f((int)分配,0,0)         /* 解锁 */
   }
```

```
else
 {
        while ((p2=fork( ))==-1)      /* 创建子进程 p2 */
  if (p2==0)
  {
  lockf((int)fp,1,0);             /* 加锁 */
  for (i=0;i<10;i++)
  fprintf (fp,"son %d\n", i)
  lockf((int)fp,0,0)              /* 解锁 */
 }
else
  {
   wait (NULL)
   locdf((int)fp,1,0)             /* 加锁 */
   for (i=0; i<10; i++)
   fprintf (fp,"parent %d\n", i)
   lockf((int)fp,0,0);            /* 解锁 */
  }
 }
fclose9 分配)
 }
```

程序编译、运行后执行下面的 cat 命令：

cat to_be_locked.txt

实验任务：写出 cat 命令的执行结果。

1.1.3.4　应用实例

问题描述：有父亲、儿子、女儿 3 人和一个盘子。当盘子空时，父亲往盘中放水果(只有苹果和香蕉)，每次随机放苹果或香蕉，儿子和女儿马上取该水果，但是儿子只从盘中拿苹果，女儿只从盘中拿香蕉。请模拟这样的一个过程，其中父亲放水果 20 次。

程序分析：

首先，父亲放一个苹果在盘，儿子马上取苹果这件事与父亲放一个香蕉，女儿马上取之这件事是互斥的。即在程序中体现在：当父亲每次放水果之后马上唤醒儿子或女儿来取，当一个孩子还没有拿到水果之前，父亲不允许放水果，另外一个孩子也不许来破坏。我们用"临界区"区实现：

父亲函数：

　……

　进入临界区

　放苹果或香蕉

　……

儿子或女儿函数：

……

取苹果或香蕉

退出临界区

……

另外,儿子和女儿在默默等待,只要父亲放了水果他们就拿。程序中表现在:儿女见到盘子没有水果,就被阻塞,父亲每次放水果后唤醒阻塞的孩子函数。

请编程实现该问题。

1.2　进程同步

1.2.1　实验目的

(1)加深对进程同步的理解,学习解决进程同步的方法。

(2)通过调试和编写进程同步程序,掌握典型的进程同步问题。

1.2.2　预备知识

1.2.2.1　进程和线程

在 Windows 32 位操作系统中,所谓多任务是指系统可以同时运行多个进程,而每个进程也可以同时执行多个线程。

所谓进程就是应用程序的运行实例。每个进程都有自己私有的虚拟地址空间。每个进程都有一个主线程,但可以建立另外的线程。进程中的线程是并发执行的,每个线程占用 CPU 的时间由系统来划分。我们可以把线程看成是操作系统分配 CPU 时间的基本实体。

进程中的所有线程共享进程的虚拟地址空间,这意味着所有线程都可以访问进程的全局变量和资源。这一方面为编程带来了方便,但另一方面也容易造成冲突。

虽然在进程中进行费时的工作不会导致系统的挂起,但这会导致进程本身的挂起。所以,如果进程既要进行长期的工作,又要响应用户的输入,那么它可以启动一个线程来专门负责费时的工作,而主线程仍然可以与用户进行交互。

1.2.2.2　线程的同步

多线程的使用会产生一些新的问题,主要是如何保证线程的同步执行。多线程应用程序需要使用同步对象和等待函数来实现同步。同步问题是实现远程数据采集或远程自动控制编程中的关键技术问题。

1.2.2.3　同步的原因

由于同一进程的所有线程共享进程的虚拟地址空间,并且线程的中断是汇编语言级的,所以可能会发生两个线程同时访问同一个对象(包括全局变量、共享资源、API 函数和 MFC 对象等)的情况,这有可能导致程序错误。例如,如果一个线程在未完成对某一大尺寸全局变量的读操作时,另一个线程又对该变量进行了写操作,那么第一个线程读入的变量值可能是一种修改过程中的不稳定值。属于不同进程的线程在同时访问同一内存区域或共享资源时,也会存在同样的问题。因此，在多线程应用程序中，常常需要采取一些措施来同步线程的执行。

1.2.2.4 同步的方法

由于线程间需要同步机制，才能协调运行。在 Windows 32 编程中，主要提供了以下几种方法。

· 等待函数。

这些函数只有在作为其参数的一个或多个同步对象产生信号时才会返回。在超过规定的等待时间后，不管有无信号，函数也都会返回。在等待函数未返回时，线程处于等待状态，此时线程只消耗很少的 CPU 时间。

· 同步对象。

同步对象用来协调多线程的执行，它可以被多个线程共享。线程的等待函数用同步对象的句柄作为参数，同步对象应该是所有要使用的线程都能访问到的。同步对象的状态要么是有信号的，要么是无信号的。同步对象主要有 3 种：事件、mutex 和信号灯。

事件对象(Event)是最简单的同步对象，它包括有信号和无信号两种状态。在线程访问某一资源之前，也许需要等待某一事件的发生，这时用事件对象最合适。例如，只有在通信端口缓冲区收到数据后，监视线程才被激活。

mutex 对象的状态在它不被任何线程拥有时是有信号的，而当它被拥有时则是无信号的。mutex 对象很适合用来协调多个线程对共享资源的互斥访问(Mutually Exclusive)。

信号灯对象维护一个从 0 开始的计数，在计数值大于 0 时对象是有信号的，而在计数值为 0 时则是无信号的。信号灯对象可用来限制对共享资源进行访问的线程数量。线程用 Create Semaphore() 函数来建立信号灯对象，在调用该函数时，可以指定对象的初始计数和最大计数。在建立信号灯时也可以为对象起个名字，别的进程中的线程可以用 Open Semaphore() 函数打开指定名字的信号灯句柄。

1.2.3 实验内容

1.2.3.1 共享存储区

【实验 1】 生产者-消费者问题

生产者-消费者问题是一个经典的进程同步问题，该问题最早由 Dijkstra 提出，用以演示他提出的信号量机制。此进程同步问题是在同一个进程地址空间内执行的两个线程。生产者线程生产物品，然后将物品放置在一个空缓冲区中供消费者线程消费。消费者线程从缓冲区中获得物品，然后释放缓冲区。当生产者线程生产物品时，如果没有空缓冲区可用，那么生产者线程必须等待消费者线程释放出一个空缓冲区。当消费者线程消费物品时，如果没有满的缓冲区，那么消费者线程将被阻塞，直到新的物品被生产出来。

下面给出了解决生产者-消费者问题的应用程序，阅读该程序并完成实验任务。

```
#include <windows.h>
#include <iostream>


const unsigned short SIZE_OF_BUFFER=10; //缓冲区长度
unsigned short ProductID=0; //产品号
unsigned short ConsumeID=0; //将被消耗的产品号
```

```
unsigned short in=0; //产品进缓冲区时的缓冲区下标
unsigned short out=0; //产品出缓冲区时的缓冲区下标

int g_buffer[SIZE_OF_BUFFER]; //缓冲区是个循环队列
bool g_continue=true; //控制程序结束
HANDLE g_hMutex; //用于线程间的互斥
HANDLE g_hFullSemaphore; //当缓冲区满时迫使生产者等待
HANDLE g_hEmptySemaphore; //当缓冲区空时迫使消费者等待

DWORD WINAPI Producer(LPVOID); //生产者线程
DWORD WINAPI Consumer(LPVOID); //消费者线程

int main()
{
//创建各个互斥信号
g_hMutex=CreateMutex(NULL,FALSE,NULL);
g_hFullSemaphore=CreateSemaphore(NULL,SIZE_OF_BUFFER - 1,SIZE_OF_BUFFER - 1,NULL);
g_hEmptySemaphore=CreateSemaphore(NULL,0,SIZE_OF_BUFFER - 1,NULL);

//调整下面的数值,可以发现,当生产者个数多于消费者个数时,
//生产速度快,生产者经常等待消费者;反之,消费者经常等待
const unsigned short PRODUCERS_COUNT=3; //生产者的个数
const unsigned short CONSUMERS_COUNT=1; //消费者的个数

//总的线程数
const unsigned short THREADS_COUNT=PRODUCERS_COUNT+ CONSUMERS_COUNT;

HANDLE hThreads[PRODUCERS_COUNT]; //各线程的 handle
DWORD producerID[CONSUMERS_COUNT]; //生产者线程的标识符
DWORD consumerID[THREADS_COUNT]; //消费者线程的标识符

//创建生产者线程
for (int i=0;i<PRODUCERS_COUNT;++i){
hThreads[i]=CreateThread(NULL,0,Producer,NULL,0,&producerID[i]);
if (hThreads[i]==NULL) return - 1;
}
//创建消费者线程
for (i=0;i<CONSUMERS_COUNT;++i){
hThreads[PRODUCERS_COUNT+i]=CreateThread(NULL,0,Consumer,NULL,0,&consumerID[i]);
```

```
if (hThreads[i]==NULL) return-1;
}

while(g_continue){
if(getchar()){ //按回车后终止程序运行
g_continue=false;
}
}

return 0;
}

//生产一个产品。简单模拟了一下,仅输出新产品的 ID 号
void Produce()
{
std::cerr<<"Producing " <<++ProductID<<" ... ";
std::cerr<<"Succeed"<<std::endl;
}

//把新生产的产品放入缓冲区
void Append()
{
std::cerr <<"Appending a product ... ";
g_buffer[in] =ProductID;
in=(in+1)% SIZE_OF_BUFFER;
std::cerr<<"Succeed"<<std::endl;

//输出缓冲区当前的状态
for (int i=0; i<SIZE_OF_BUFFER; ++i){
std::cout <<i <<": " <<g_buffer[i];
if (i==in) std::cout <<" <--生产";
if (i==out) std::cout <<" <--消费";
std::cout <<std::endl;
}
}

//从缓冲区中取出一个产品
void Take()
{
```

```
std::cerr <<"Taking a product ... ";
ConsumeID =g_buffer[out];
out =(out+1)% SIZE_OF_BUFFER;
std::cerr <<"Succeed" <<std::endl;

//输出缓冲区当前的状态
for (int i=0; i<SIZE_OF_BUFFER; ++i){
std::cout <<i <<": " <<g_buffer[i];
if (i==in) std::cout <<" <--生产";
if (i==out) std::cout <<" <--消费";
std::cout <<std::endl;
}
}

//消耗一个产品
void Consume()
{
std::cerr <<"Consuming " <<ConsumeID <<" ... ";
std::cerr <<"Succeed" <<std::endl;
}

//生产者
DWORD WINAPI Producer(LPVOID lpPara)
{
while(g_continue){
WaitForSingleObject(g_hFullSemaphore,INFINITE);
WaitForSingleObject(g_hMutex,INFINITE);
Produce();
Append();
Sleep(1500);
ReleaseMutex(g_hMutex);
ReleaseSemaphore(g_hEmptySemaphore,1,NULL);
}
return 0;
}

//消费者
DWORD WINAPI Consumer(LPVOID lpPara)
{
```

```
while(g_continue){
WaitForSingleObject(g_hEmptySemaphore,INFINITE);
WaitForSingleObject(g_hMutex,INFINITE);
Take();
Consume();
Sleep(1500);
ReleaseMutex(g_hMutex);
ReleaseSemaphore(g_hFullSemaphore,1,NULL);
}
return 0;
}
```

实验任务:阅读并分析该程序,写出程序执行结果。

1.2.3.2　应用实例(哲学家就餐问题)

问题描述:哲学家就餐问题是一种典型的同步问题,它是由 Dijkstra 提出并解决的。有 5 个哲学家,他们的生活方式是交替地进行思考和进餐。哲学家们共用一张圆桌,设 5 个哲学家分别编号为 A、B、C、D、E,桌子上放着 5 根筷子,筷子分别编号为 0、1、2、3、4,桌子中央有一盘饭菜。5 个哲学家都很有礼貌,都要等同时拿到身旁的两只筷子才进餐,不然就只是等着继续思考,而且吃了一口之后又马上放下拿起的两根筷子,继续思考。

程序分析如下。

(1)在什么情况下 5 个哲学家全部吃不上饭?

①假如所有的哲学家都同时拿起左侧筷子,看到右侧筷子不可用,又都放下左侧筷子,等一会儿,又同时拿起左侧筷子,如此这般,永远重复。对于这种情况,即所有的程序都在无限期地运行,但是都无法取得任何进展,即出现饥饿,所有哲学家都吃不上饭。

②规定在拿到左侧的筷子后,先检查右侧的筷子是否可用。如果不可用,则先放下左侧筷子,等一段时间再重复整个过程。但如果在某一个瞬间,所有的哲学家都同时启动这个算法,拿起左侧的筷子,而看到右侧筷子不可用,又都放下左侧筷子,等一会儿,又同时拿起左侧筷子……如此这样永远重复下去。对于这种情况,所有的程序都在运行,但却无法取得进展,即出现饥饿,所有的哲学家都吃上不饭。

(2)描述一种不会出现饿死现象的算法。

原理:至多只允许 4 个哲学家同时进餐,以保证至少有一个哲学家能够进餐,最终总会释放出他所使用过的两支筷子,从而可使更多的哲学家进餐。将 room 作为信号量,只允许 4 个哲学家同时进入餐厅就餐,这样就能保证至少有一个哲学家可以就餐,而申请进入餐厅的哲学家进入 room 的等待队列,根据 FIFO 的原则,总会进入到餐厅就餐,因此不会出现饿死和死锁的现象。

第2章 资源管理

2.1 实验目的

(1)调试一个银行家算法程序。

(2)加深了解有关资源申请、避免思索等概念,体会并了解思索和避免思索的具体实施方法。

2.2 预备知识

2.2.1 死锁的概念

死锁是一组阻塞进程分别占有一定的资源并等待获取另外一些已经被同组其他进程所占有的资源。

【例1】 系统拥有两个磁带驱动器。进程P1和P2分别占有其中的一台,而且相互需要另外的一台。

【例2】 信号量A和B,初始值都为1

```
进程P0              进程P1
Wait (A);           wait (B)
Wait (B)            wait (A)
```

形成P0和P1互相等待的死锁状态。

2.2.2 死锁预防

出现死锁有4个必要条件,只要确保至少一个必要条件不成立,就能预防死锁发生。

(1)互斥。通常不能通过否定互斥条件来预防思索。有些资源本身是非共享的。

(2)占有并等待。当一个进程申请一个资源时,它不能占有其他资源。在执行前申请并获取所有资源申请其他资源之前,必须释放现在已分配的所有资源。

(3)非抢占。如果一个进程占有资源并申请另一个不能立即分配的资源,那么期限已分配的资源都被抢占。通常应用于其状态可以保存和恢复的资源,如CPU寄存器和内存空间,不能适应于其他资源如打印机磁带驱动器。

(4)循环等待。对所有资源进行完全排序,且要求每个进程按递增顺序来申请资源。

2.2.3　死锁避免

死锁避免的最简单且有效的模型是要求每个进程事先申明它所需要的每种资源的最大数量，死锁避免算法检查资源分配状态，以保证不存在循环等待的条件。资源分配状态通过可用资源数量、已分配资源数量及最大申请数量来定义。

银行家算法是每种资源类型有多个实例时的死锁避免算法。

2.3　实验内容

【实验 1】　编写 Windows 操作系统下实现银行家算法的 C++程序

实现银行家算法所用的数据结构

假设有 M 个进程 N 类资源，则有如下数据结构：

· MAX[M＊N] M 个进程 N 类资源的最大需求量。

· AVAILABLE[N]系统可用资源数。

· ALLOCATION[M＊N] M 个进程已经得到类资源的资源量。

· NEED[M＊N] M 个进程还需要 N 类资源的资源量。

设进程 I 提出请求 Request[N]，则银行家算法按如下规则进行判断。

(1)如果 Request[N]<=NEED[I,N]，则转(2)；否则，出错。

(2)如果 Request[N]<=AVAILABLE,则转(3)；否则，出错。

(3)系统试探分配资源，修改相关数据：

· AVAILABLE＝AVAILABLE－REQUEST

· ALLOCATION＝ALLOCATION＋REQUEST

· NEED＝NEED－REQUEST

(4)系统执行安全性检测，如安全，则分配成立；否则是探险性分配作废，系统恢复原状，进程等待。

安全性检查：

(1)设置两个工作向量 WORK=AVAILABLE;FINISH[M]=FALSE。

(2)从进程中找到一个满足进程。

FINISH [I] =FALSE

NEED<=WORK

如找到，执行(3)；否则，执行(4)。

(3)设进程获得资源。可顺利进行，直至完成，从而释放资源。

WORK<=WORK+ALLOCATION

FINISH [I]=TRUE

GOTO (2)

(4)如所有的进程 FINISH[M]－TRUE，则表示安全；否则系统不安全。

下面给出了银行家算法的应用程序，阅读该程序并完成实验任务。

```
#include"string.h"
#include"iostream.h"
```

```
#define M5          //总进程数
#define N3          //总资源数
#define FALSE 0
#define TRUE 1

//M 个进程对 N 类资源最大资源需求量
int MAX[M][N]={{7,7,7},{3,2,2},{9,0,2},{2,2,2},{4,3,3}};
//系统可用资源
int AVAILABLE [N] ={3, 3, 2}
//M 个进程已经得到 N 类资源的资源量
int ALLOCATION[M][N]={{0,1,0},{2,0,0},[3,0,2],{2,1,1},{0,0,2}};
//M 个进程还需要 N 类资源的资源量
int NEED[M][N]={{7,4,3},{1,2,2},{6,0,0},{0,1,1},{4,3,1}};

int Request [N] ={0, 0, 0};

void main ()
{
int i=0, j=o;
char flag='Y';
void show data ();
void changdata (int);
void rstordata (int);
int chkerr (int);
showdata ();
while (flag=='Y'| | flag=='y' )
{
i=-1;
while (I<0| | i>=M)
{
cout<<" 请输入需申请资源的进程号(从 0 到"<<M-I<<",否则重输入!):";
cin>>i
if( i<0| | I > M)cout<<"输入的进程号不存在,重新输入!"<<endl;
}
cout<<"请输入进程"<<I <<"申请的资源数"<<endl;
}
for (j=0; j<N; j++)
{
cout<<"    资源"<<j<<":;
```

```
cin>>Request[j];
if (Request[j]>NEED [I] [j] )
{
cout<<"  进程"<<i<<"申请的资源数大于进程"<<i>>"还需要"<<j<<"类资源的资源量!"
cout<<"申请不合理,出错! 请重新选择!"<<endl;
flag='N';
break;
}
else
{
if (Request[j]>AVAILABLE[J])
{
cout<<"进程"<<i<<"申请的资源数大于系统可用"<<j<<"类资源的资源量!
cout<<"申请不合理,出错! 请重新选择!"<<endl<<endl;
break;
}
}
}
if (flag=='Y'| | flag=='y')
{
changdata (i);
if(chkerr(0))
{
rstordata (i);
show data ();
}
else
show data ()
}
else
showdata();
cout<<endl;
cout<<"是否继续银行家算法演示,按'Y'或'y'键继续,按'N'或'n'键退出演示:";
cin>>flag;
}
}

void show data ()
{
```

```
int   i, j;
      cout<<"系统可用资源为:"<<endl<<endl;
cout<<"      "
for (j=0;j<N; j++)cout<<"资源"<<j<<":"<<AVAILABLE[j]
      cout<<endl;
      cout<<endl;
cout<<"各进程资源的最大需求量:"<<endl<<endl;
for (i=0; i<M; i++)
{
cout<<"进程"<<i<<":";
for (j=0;j<N; j++)cout<<"资源"<<j<<":"<<MAX[i][j]
            cout<<endl;
}
      cout<<endl;
cout<<"各进程还需要的资源量:"<<endl<<endl;
for (i=0; i<M; i++)
{
  cout<<"进程"<<i<<":";
  for(j=0;j<N; j++)cout<<"资源"<<j<<":"<<NEED[i][j];
    cout<<endl;
cout<<"各进程已经得到的资源量:"<<endl<<endl;
for (i=0; i<M; i++)
{
cout<<"进程"<<i<<":";
    for (j=0;j<N; j++)cout<<"资源:"<<j<<":"<<ALLOCATION[i][j];
      cout<<endl;
}
    cout<<endl;
}
void changdata (int k)
{
int j;
for (j=0; j<N; j++)
{
  AVAILABLE[j]=AVAILABLE[j]- Request[j];
  ALLOCATION[k] [j] =ALLOCATION[k] [j] +Request[j];
  NEED[k] [j] =NEED[k] [j]- Request[j];
}
```

```
}
void rstordata (int k)
{
int j;
for (j=0; j<N; j++)
{
   AVAILABLE[j] =AVAILABLE[j] +Request[j];
   ALLOCATION[k] [j] =ALLOCATION[k] [j]- Request[j];
   NEED[k] [j] =NEED[k] [j] +Request[j];
}
}
int chkerr (int s)
{
int WORK [N], FINISH [M], temp [M];
int i, j, flag, k=0;
for (i=0; i<M; i++) FINISH[i] =FALAE;
for (j=0; j<N; j++)
WORK[j] =AVAILABLE[j];
i=s;
while (i<M)
{flag=0;

           if (FINISH[i] ==FALSE&&NEED[i] [j] <=WORK)
           {
             WORK=WORK+ALLOCATION[i] [j];
             FINISH[i] =TRUE;
             temp[k] =i;
              k++;
              i=0;
            }
            else
            {
             i++;
       }
}
for (i=0; i<M; i++)
      if (FINISH[i] ==FALSE)
      {
      cout<<endl;
```

```
        cout<<"系统不安全!!! 本次资源申请不成功!!!"<<endl;
        cout<<endl;
        return 1;
        }
    }
    cout<<endl;
    cout<<"经系统性检查,系统安全,本次分配成功。"<<endl;
    cout<<endl;
    cout<<"本次安全序列:";
    for(i=0,i<M; i++)cout<<"进程"temp[i]<<"-> ";
    cout<<endl<<endl;
    return 0;
    }
```

实验任务:分析源程序,按下面的要求设计输入数据(进程号、申请的各类资源数)。

(1)申请成功,得到安全序列,写出运行结果。如,进程 1 申请(1,0,2)。

(2)在步骤(1)的基础上继续申请资源,申请数据满足下列条件。

- 如果 Request[N]>NEED[I,N],出错。
- 如果 Request[N]>AVAILABLE,出错。

(3)在步骤(1)的基础上继续申请,出现"系统不安全!!! 本次资源申请不成功"的提示信息。例如,进程 0 申请(0,2,0)。

第 3 章　存储管理

3.1　实验目的

(1)理解可变分区管理方式下采用最优适应算法实现主存分配和回收。

(2)通过请求页式存储管理中页面置换算法模拟设计，了解虚拟存储技术的特点，掌握请求页式存储管理的页面置换算法。

3.2　预备知识

3.2.1　连续内存分配：可变分区主存分配与回收

分区存储管理技术可实现以下功能：

(1)地址映射。

(2)动态存储管理的机构(数据结构)。

(3)分区的分配和回收。

(4)3 种基本的放置策略。

分区分配和回收是对空闲区表(或空闲区队列)数据结构进行操作，空闲区表的组织有两种方法：

(1)按空闲区大小的升序(降序)组织。

(2)按空闲区首址升序(降序)组织。

根据空闲区表组织的方法的不同，有不同的放置策略，它们是最佳适应算法、首次适应算法和最坏适应算法 3 种。

3.2.2　分区存储管理存在的问题

分区存储管理的主要问题是碎片问题。

在采用分区存储管理的系统中，会形成一些非常小的分区，最终这些非常小的分区不能被系统中的任何用户(程序)利用而浪费。造成此问题的主要原因是用户程序装入内存时是整体装入的，为解决这个问题，提出了分页存储管理技术。

3.2.3 页式存储管理:页式调度算法

分页的概念:程序地址空间分成大小相等的页面,同时把内存也分成与页面大小相等的块,当一个用户程序装入内存时,以页面为单位进行分配。页面的大小为 $2n$,通常为 1KB,2KB,nKB 等。

页表是页式存储管理的数据结构,它包括用户程序空间的页面与内存块的对应关系、页面的存储保护和存取控制方面的信息。

当一个用户程序要调入内存时,请求分页技术,不是将该程序全部装入内存,而是只装入部分页面到内存,就可启动程序运行,在运行的过程中,如果发现要运行的程序或要访问的数据不在内存中,则向系统发出缺页中断请求,系统在处理这个中断时,将在外存相应的页面调入内存,该程序继续运行。

常用的页面置换算法有:

(1)最佳置换算法(Optimal) 。

(2)先进先出法(Fisrt In First Out) 。

(3)最近最久未使用(Least Recently Used) 。

(4)最不经常使用法(Least Frequently Used) 。

(5)最近未使用法(No Used Recently)。

3.2.4 虚拟内存管理

虚拟存储器是为用户提供的一种不受物理存储器结构和容量限制的存储器的技术。它是用户编程时所使用的一种用户思维中的存储器,它可以是任何结构(一维线性空间、二维空间乃至 n 维空间),并没有容量的限制。现代计算机操作系统都采用了这种技术,使得用户编程序时不需要考虑物理内存的结构和容量,极大地方便了用户。

3.3 实验内容

3.3.1 可变分区主存分配和回收

编写程序实现如下功能:

(1)建立空闲区和已分配区表,确定空闲区和已分配区的初值。

(2)给申请存储区的作业分配空闲存储区。

(3)回收一个分区,在只有下邻、只有上邻和上下邻都有这 3 种情况下更新空闲区表内容。

3.3.2 页面置换算法

本实验的程序设计基本上按照实验内容进行。即首先用 srand()和 rand()函数定义和产生指令序列,然后将指令序列变换成相应的页地址流,并针对不同的算法计算出相应的命中率。

(1)通过随机数产生一个指令序列,共 320 条指令。指令的地址按下述原则生成:①50%

的指令是顺序执行的；②25%的指令是均匀分布在前地址部分；③25%的指令是均匀分布在后地址部分。

具体的实施方法是：①在[0,319]的指令地址之间随机选取一起点 m；②顺序执行一条指令，即执行地址为 m+1 的指令；③在前地址[0,m+1]中随机选取一条指令并执行，该指令的地址为 m′；④顺序执行一条指令，其地址为 m′+1；⑤在后地址[m′+2,319]中随机选取一条指令并执行；⑥重复步骤 A—E，直到 320 次指令。

(2)将指令序列变换为页地址流。

设：页面大小为 1K；用户内存容量为 4～32 页；用户虚存容量为 32K。

在用户虚存中，按每 K 存放 10 条指令排列虚存地址，即 320 条指令在虚存中的存放方式为：

第 0 条—第 9 条指令为第 0 页(对应虚存地址为[0,9])

第 10 条—第 19 条指令为第 1 页(对应虚存地址为[10,19])

……

第 310 条—第 319 条指令为第 31 页(对应虚存地址为[310,319])

按以上方式，用户指令可组成 32 页。

下面是 5 种页面置换算法的程序，阅读程序并完成实验任务。

```
#define TRUE 1
#define FALSE 0
#define INVALID -1
#define NULL  0

#define  total_instruction  320        /* 指令流长 */
#define  total_vp  32                  /* 虚页长 */
#define  clear_period  50              /* 清0周期 */

typedef struct                         /* 页面结构 */
{
 int pn,pfn,counter,time;
}pl_type;
pl_type pl[total_vp];                  /* 页面结构数组 */

struct pfc_struct{                     /* 页面控制结构 */
 int pn,pfn;
 struct pfc_struct *next;
};

typedef struct pfc_struct pfc_type;
```

```
pfc_type pfc[total_vp], * freepf_head, * busypf_head, * busypf_tail;

int diseffect,  a[total_instruction];
int page[total_instruction];  offset[total_instruction];

int   initialize(int);
int   FIFO(int);
int   LRU(int);
int   LFU(int);
int   NUR(int);
int   OPT(int);
int main()
{
   int s,i,j;
   srand(10 * getpid());                    /* 由于每次运行时进程号不同,故可用来作为初始化
随机数队列的"种子" */
s=(float)319 * rand()/32767/32767/2+1;   //
for(i=0;i<total_instruction;i+=4) /* 产生指令队列 */
{
        if(s<0| | s> 319)
        {
           printf("When i==% d,Error,s==% d\ n",i,s);
           exit(0);
        }
        a[i]=s;                                  /* 任选一指令访问点 m* /
        a[i+1]=a[i]+1;                          /* 顺序执行一条指令 */
        a[i+2]=(float)a[i] * rand( )/32767/32767/2; /* 执行前地址指令 m' */
        a[i+3]=a[i+2]+1;                        /* 顺序执行一条指令 */

       s =(float)(318- a[i+2]) * rand( )/32767/32767/2+a[i+2]+2;
       if((a[i+2]>318)| | (s>319))
          printf("a[% d+2],a number which is :% d and s==% d\ n",i,a[i+2],s);

}
for (i=0;i<total_instruction;i++) /* 将指令序列变换成页地址流 */
{
        page[i]=a[i]/10;
        offset[i]=a[i]% 10;
}
```

```
 for(i=4; i<=32; i++)     /* 用户内存工作区从第 4~32 个页面 */
 {
         printf("---%2d page frames---\n",i);
         FIFO(i);
         LRU(i);
         LFU(i);
         NUR(i);
         OPT(i);

 }
     return 0;
 }

int initialize(total_pf)                        /* 初始化相关数据结构 */
int total_pf;                                          /* 用户进程的内存页面数 */
{int i;
diseffect=0;
for(i=0; i<total_vp; i++)
{
         pl[i].pn=i;
         pl[i].pfn=INVALID;              /* 置页面控制结构中的页号,页面为空 */
         pl[i].counter=0;
         pl[i].time=-1;              /* 页面控制结构中的访问次数为 0,时间为-1 */
}
for(i=0; i<total_pf-1; i++)
{
         pfc[i].next=&pfc[i+1];
         pfc[i].pfn=i;
}    /* 建立 pfc[i-1]和 pfc[i]之间的链接 */
pfc[total_pf-1].next=NULL;
pfc[total_pf-1].pfn=total_pf-1;
freepf_head=&pfc[0];              /* 空页面队列的头指针为 pfc[0] */

return 0;
}

int FIFO(total_pf)                        /* 先进先出算法 */
int total_pf;                               /* 用户进程的内存页面数 */
{
```

```
    int i,j;
    pfc_type * p;
    initialize(total_pf);            /* 初始化相关页面控制用数据结构 */
    busypf_head=busypf_tail=NULL; /* 忙页面队列头，队列尾链接 */
    for(i=0;i<total_instruction;i++)
  {
  if(pl[page[i]].pfn==INVALID)    /* 页面失效 */
    {
     diseffect+=1;                    /* 失效次数 */
     if(freepf_head==NULL)            /* 无空闲页面 */
      {
        p=busypf_head->next;
        pl[busypf_head->pn].pfn=INVALID;
        freepf_head=busypf_head;  /* 释放忙页面队列的第一个页面 */
        freepf_head->next=NULL;
        busypf_head=p;
      }
       p=freepf_head->next;            /* 按 FIFO 方式调新页面入内存页面 */
       freepf_head->next=NULL;
       freepf_head->pn=page[i];
       pl[page[i]].pfn=freepf_head->pfn;

if(busypf_tail==NULL)
       busypf_head=busypf_tail=freepf_head;
     else
    {
     busypf_tail->next=freepf_head;  /* free 页面减少一个 */
     busypf_tail=freepf_head;
    }
       freepf_head=p;
    }
}
printf("FIFO:% 6.4f\ n",1-(float)diseffect/320);

return 0;
}

int LRU (total_pf)          /* 最近最久未使用算法 */
int total_pf;
```

```
{
 int min,minj,i,j,present_time;
 initialize(total_pf);
 present_time=0;

for(i=0;i<total_instruction;i++)
  {
      if(pl[page[i]].pfn==INVALID)                /* 页面失效 */
    {
        diseffect++;
        if(freepf_head==NULL)                     /* 无空闲页面 */
    {
        min=32767;
        for(j=0;j<total_vp;j++)                /* 找出 time 的最小值 */
          if(min>pl[j].time&&pl[j].pfn! =INVALID)
                        {
       min=pl[j].time;
       minj=j;
      }
         freepf_head=&pfc[pl[minj].pfn];     //腾出一个单元
         pl[minj].pfn=INVALID;
         pl[minj].time=-1;
         freepf_head->next=NULL;
    }
       pl[page[i]].pfn=freepf_head->pfn;     //有空闲页面,改为有效
       pl[page[i]].time=present_time;
 freepf_head=freepf_head->next;          //减少一个 free 页面
     }
    else
       pl[page[i]].time=present_time;            //命中则增加该单元的访问次数

    present_time++;
   }
printf("LRU:%6.4f\n",1-(float)diseffect/320);
return 0;
}

int NUR(total_pf)                       /* 最近未使用算法 */
int   total_pf;
```

```
{int i,j,dp,cont_flag,old_dp;
pfc_type *t;
initialize(total_pf);
dp=0;
for(i=0;i<total_instruction;i++)
{ if (pl[page[i]].pfn==INVALID)                /*页面失效*/
      {diseffect++;
       if(freepf_head==NULL)                        /*无空闲页面*/
          { cont_flag=TRUE;
            old_dp=dp;
            while(cont_flag)
              if(pl[dp].counter==0&&pl[dp].pfn!=INVALID)
                  cont_flag=FALSE;
              else
              {
      dp++;
              if(dp==total_vp)
          dp=0;
              if(dp==old_dp)
                  for(j=0;j<total_vp;j++)
             pl[j].counter=0;
              }
            freepf_head=&pfc[pl[dp].pfn];
            pl[dp].pfn=INVALID;
            freepf_head->next=NULL;
          }
            pl[page[i]].pfn=freepf_head->pfn;
            freepf_head=freepf_head->next;
      }
  else
       pl[page[i]].counter=1;
       if(i%clear_period==0)
           for(j=0;j<total_vp;j++)
                pl[j].counter=0;
  }
  printf("NUR:%6.4f\n",1-(float)diseffect/320);

  return 0;
  }
```

```
int OPT(total_pf)              /*最佳置换算法*/
int total_pf;
{int i,j, max,maxpage,d,dist[total_vp];
pfc_type *t;
initialize(total_pf);
for(i=0;i<total_instruction;i++)
{ //printf("In OPT for 1,i=%d\n",i);
//i=86;i=176;206;250;220,221;192,193,194;258;274,275,276,277,278;
   if(pl[page[i]].pfn==INVALID)          /*页面失效*/
    {
       diseffect++;
       if(freepf_head==NULL)                /*无空闲页面*/
           {for(j=0;j<total_vp;j++)
                 if(pl[j].pfn!=INVALID) dist[j]=32767;   /*最大"距离" */
         else dist[j]=0;
             d=1;
             for(j=i+1;j<total_instruction;j++)
                {
       if(pl[page[j]].pfn! =INVALID)
                 dist[page[j]]=d;
             d++;
             }
        max=-1;
             for(j=0;j<total_vp;j++)
             if(max<dist[j])
                {
       max=dist[j];
       maxpage=j;
       }
              freepf_head=&pfc[pl[maxpage].pfn];
              freepf_head->next=NULL;
              pl[maxpage].pfn=INVALID;
             }
    pl[page[i]].pfn=freepf_head->pfn;
    freepf_head=freepf_head->next;
       }
}
printf("OPT:%6.4f\n",1-(float)diseffect/320);
```

```
return 0;
}

int   LFU(total_pf)            /* 最不经常使用置换法 */
int total_pf;
{
 int i,j,min,minpage;
 pfc_type *t;
 initialize(total_pf);
 for(i=0;i<total_instruction;i++)
     {   if(pl[page[i]].pfn==INVALID)          /* 页面失效 */
           { diseffect++;
              if(freepf_head==NULL)             /* 无空闲页面 */
                { min=32767;
                  for(j=0;j<total_vp;j++)
                     {if(min>pl[j].counter&&pl[j].pfn! =INVALID)
                          {
      min=pl[j].counter;
                  minpage=j;
     }
                       pl[j].counter=0;
                       }
                  freepf_head=&pfc[pl[minpage].pfn];
                  pl[minpage].pfn=INVALID;
                  freepf_head->next=NULL;
                  }
    pl[page[i]].pfn=freepf_head->pfn;    //有空闲页面,改为有效
             pl[page[i]].counter++;
    freepf_head=freepf_head->next;          //减少一个 free  页面
       }
  else
                pl[page[i]].counter++;

       }
 printf("LFU:% 6.4f \ n",1-(float)diseffect/320);

 return 0;
 }
```

实验任务：

(1)写出程序执行结果并分析哪种算法的命中率高？

(2)OPT 算法在执行过程中为什么可能会发生错误？请找出原因。

第4章 文件管理

4.1 实验目的

(1)理解文件的概念。

(2)通过一个简单多用户文件系统的设计,加深理解文件系统的内部功能及内部实现。

4.2 预备知识

文件系统是操作系统中负责管理和存取文件信息的软件机构,它是由管理文件所需的数据结构和相应的管理软件以及访问文件的一组操作组成。

通用文件系统应具有以下功能:

(1)提供用户对文件操作的命令。

(2)提供用户共享文件的机制。

(3)管理文件的存储介质。

(4)提供文件的存取控制机制,保障文件及文件系统的安全性。

(5)提供文件及文件系统的备份和恢复功能。

(6)提供对文件的加密和解密功能。

文件系统提供的基本的文件系统调用有建立、打开、关闭、删除、读、写和控制等操作。

4.3 实验内容

下面给出了实现文件操作的一些数据结构和函数。

4.3.1 主要数据结构

4.3.1.1 i节点

```
struct  inode
{  struct  inode   *i_forw;
   struct  inode   *i_back;
   char  i_flag;
   unsigned  int  i_ino;                /*磁盘i 节点标号*/
```

```
  unsigned int i_count;          /* 引用计数 */
    unsigned short di_number;      /* 关联文件数,当为 0 时,则删除该文件 */
    unsigned short di_mode;        /* 存取权限 */
    unsigned short di_uid;         /* 磁盘 i 节点用户 id */
    unsigned short di_gid;         /* 磁盘 i 节点组 id */
    unsigned int di_addr[NADDR];   /* 物理块号 */
```

4.3.1.2　磁盘 i 节点

```
    struct dinode
    {   unsigned short di_number;     /* 关联文件数 */
unsigned short di_mode;          /* 存取权限 */
unsigned short di_uid
unsigned short di_gid;
unsigned long  di_size;          /* 文件大小 */
unsigned int   di_addr[NADDR];   /* 物理块号 */
}
```

4.3.1.3　目录项结构

```
struct direct
{   char d_name[DIRSIZ];         /* 目录名 */
unsigned int d_ino;              /* 目录号 */
}
```

4.3.1.4　超级块

```
struct filsys
{   unsigned short s_isize;             /* i 节点块块数 */
unsigned long s_fsize;                  /* 数据块块数 */
unsigned int s_nfree;                   /* 空闲块块数 */
unsigned short s_pfree;                 /* 空闲块指针 */
unsigned int s_free[NICFREE];           /* 空闲块堆栈 */
unsigned int s_ninode;                  /* 空闲 i 节点数 */
unsigned short s_pinode;                /* 空闲 i 节点指针 */
unsigned int s_inode[NICINOD];          /* 空闲 i 节点数组 */
unsigned int s_rinode;                  /* 铭记 i 节点 */
char s_fmod;                            /* 超级块修改标记 */
}
```

4.3.1.5　用户密码

```
struct pwd
{   unsigned short p_uid;
unsigned short p_gid;
char password[PWOSIZ];
};
```

4.3.1.6　目录

```
struct dir
{   struct   direct   direct [DIRNUM];
int   size;
};
```

4.3.1.7　查找内存 i 节点的 hash 表

```
    struct hinode
    {    struct   inode   * i_forw;
};
```

4.3.1.8　系统打开表

```
struct file
{    char   f_flag;                         /* 文件操作标志 */
unsigned   int   f_count;              /* 引用计数 */
struct   inode   * f_inode;             /* 指向内存 i 节点 */
unsigned   long   f_off;               /* 读/写指针 */
};
```

4.3.1.9　用户打开表

```
struct user
{      unsigned short u_default_mode;
unsigned short u_uid;                    /* 用户标志 */
unsigned short u_gid;                    /* 用户组标志 */
unsigned short u_ofile[NOFILE];        /* 用户打开表 */
};
```

4.3.2　主要函数

4.3.2.1　进入文件系统程序 install()（文件名 install.c）

```
#include "stdio.h"
#include "string.h"
#include "filesys.h"

install( )
      { int i,j;
        int return_value;
        /* 0. open the file column */
        if(iHave_formated ==1)
            fd=fopen("filesystem","r+b");
      else
            fd=fopen("filesystem","w+r+b");
        if (fd==NULL)
```

```
    {   printf("\ n filesys can not be loaded \ n");
        exit(0);
    }
  printf("\ nIn install(), filesys has been loaded,fd =% x\ n",fd);
/ * 1. read the filsys from the superblock * /
    fseek(fd,BLOCKSIZ,SEEK_SET);
    // fwrite(&filsys,1,sizeof(struct filsys),fd);   原来的代码
    fread(&filsys,sizeof(struct filsys),1,fd);

  / * 2. initialize the inode hash chain  * /

    for (i=0;i<NHINO;i++)
        hinode[i].i_forw=NULL;
    / * 3. initialize the sys_ofile  * /

     for (i=0;i<SYSOPENFILE;i++)
      {  sys_ofile[i].f_count=0;
         sys_ofile[i].f_inode=NULL;
      }
    / * 4. initialize the user  * /

     f or (i=0;i<USERNUM;i++)
      {  user[i].u_uid=0;
         user[i].u_gid=0;
         for(j=0;j<NOFILE;j++)
                user[i].u_ofile[j]=SYSOPENFILE+1;
      }
      / * 5. read the main directory to initialize the dir  * /
 cur_path_inode=iget(1);

      dir.size=cur_path_inode->di_size/(sizeof(struct direct));

      for(i=0;i<DIRNUM;i++)
       { strcpy(dir.direct[i].d_name," ");
         dir.direct[i].d_ino=0;
       }

 for(i=0;i<dir.size/(BLOCKSIZ/(DIRSIZ+2));i++)
       {
```

```
            fseek(fd,DATASTART+BLOCKSIZ * cur_path_inode->di_addr[i],SEEK_SET);
                    fread(&dir.direct[(BLOCKSIZ/(DIRSIZ+2)) * i],1,BLOCKSIZ,fd);
                }

    fseek(fd,DATASTART+BLOCKSIZ * cur_path_inode->di_addr[i],SEEK_SET);
        if(i ==0)

       fread(&dir.direct[BLOCKSIZ/(DIRSIZ+2) * i],1,cur_path_inode->di_size,fd);
        else        //i>1

fread(&dir.direct[BLOCKSIZ/(DIRSIZ+2) * i],1,cur_path_inode->di_size% BLOCKSIZ,fd);
    }
```

4.3.2.2　退出程序 halt()(文件名 halt.c)

```
#include "stdio.h"
#include "filesys.h"

        halt()
       { struct inode  * inode;
         int i,j;
         /* 1. write back the current dir  */
         chdir("..");
         iput(cur_path_inode);
         /* 2. free the u_ofile and sys_ofile and inode  */
         for(i=0;i<USERNUM;i++)
             if (user[i].u_uid! =0)
                 for (j=0;j<NOFILE;j++)
                     if (user[i].u_ofile[j]! =SYSOPENFILE+1)
                         {  close(user[i].u_ofile[j]);
                            user[i].u_ofile[j]=SYSOPENFILE+1;
                         }
/*  3. write back the filesys to the disk      */
fseek(fd,BLOCKSIZ,SEEK_SET);
fwrite(&filsys,1,sizeof(struct filsys),fd);
/* 4. close the file system column */
fclose(fd);
/* 5. say GOOD BYE to all the user  */
printf("\ n Good Bye.See You Next Time.Please turn off the switch\ n");
exit(0);
```

}

4.3.2.3　获取释放 i 节点内容程序 iget()/iput()(文件名 igetput.c)

```
#include "stdio.h"
#include "stdlib.h"
#include "filesys.h"

    struct inode * iget(dinodeid)    /* iget() */
    unsigned int dinodeid;
      { int existed=0,inodeid;
        long addr;
        struct inode * temp;
        struct inode * newinode;
        inodeid=dinodeid% NHINO;

        if (hinode[inodeid].i_forw==NULL)
          {

  existed=0;
  }
        else
          {
            temp=hinode[inodeid].i_forw;
             while (temp)
                 if (temp->i_ino==inodeid)              /* existed */
                        {  existed=1;
                           temp->i_count++;
                           return temp;
                        }
                 else       temp=temp->i_forw;          /* not existed */
             }
        /* not existed */
        /* 1. calculate the addr of the dinode in the file sys column */

        addr=DINODESTART+dinodeid * sizeof(struct dinode);

        /* 2. malloc the new inode */
        newinode=(struct inode *)malloc(sizeof(struct inode));
        memset(newinode,0,(sizeof(struct inode)));
```

```
        /* 3. read the dinode to the inode */
        fseek(fd,addr,SEEK_SET);
        fread(&(newinode -> di_number),sizeof(struct dinode),1,fd);

        /* 4. put it into hinode [inodeid] queue  */

        newinode->i_forw =hinode[inodeid].i_forw;
        newinode->i_back=newinode;

        if(newinode->i_forw != NULL)
            newinode->i_forw->i_back=newinode;

        hinode[inodeid].i_forw=newinode;

        /* 5. initialize the inode  */
        newinode->i_count=1;
        newinode->i_flag=0;             /* flag for not update */
        newinode->i_ino=dinodeid;
        return newinode;
}

int iput(pinode)      /* iput()  */
struct inode  * pinode;
    {
        int i=0,inodeid;
        long   addr;
        unsigned int block_num;
        struct inode temp;

        inodeid =pinode->i_ino% NHINO;

        if (pinode->i_count>1)
        {      pinode->i_count--;
               return 1;
        }
      else
        {      if (pinode->di_number! =0)
            {        /* write back the inode  */
                  addr=DINODESTART+pinode->i_ino * sizeof(struct dinode);
```

```
	fseek(fd,addr,SEEK_SET);
		fwrite(&(pinode->di_number),sizeof(struct dinode),1,fd);

	fseek(fd,addr,SEEK_SET);
	fread(&(temp.di_number),sizeof(struct dinode),1,fd);
	}
		else
		{
 /* rm the inoide & the block of the file in the disk */
			block_num=pinode->di_size/BLOCKSIZ;
		for(i=0;i<block_num;i++)
			//bfree(pinode->di_addr[i]);
			ifree(pinode->i_ino);
		}
/* free the inode in the memory */
		if (pinode->i_forw==NULL)
			pinode->i_back->i_forw=NULL;
		else
		{
	pinode->i_forw->i_back=pinode->i_back;
			pinode->i_back->i_forw=pinode->i_forw;
		}

		if(pinode->i_back ==pinode)   //hash 表中该列剩下最后一个 inode
	hinode[inodeid].i_forw =NULL;
		free(pinode);
		}
		return 0;
}
```

4.3.2.4　节点分配和释放函数 ialloc()和 ifree()(文件名 iallfre.c)

```
#include "stdio.h"
#include "filesys.h"

static struct dinode block_buf[BLOCKSIZ/DINODESIZ];

struct inode *ialloc()     /* ialloc */
{   struct inode *temp_inode;
    unsigned int cur_di;
    int i,count,block_end_flag;
```

```
if (filsys.s_pinode==NICINOD)      /* s_inode empty */
{        i=0;
         count=0;
         block_end_flag=1;
         filsys.s_pinode=NICINOD-1;
         cur_di=filsys.s_rinode;
    while ((count<NICINOD)| | (count<=filsys.s_ninode))
        {      if (block_end_flag)
                  {        fseek(fd,DINODESTART+cur_di * DINODESIZ,SEEK_SET);
                           fread(block_buf,1,BLOCKSIZ,fd);
                           block_end_flag=0;
                           i=0;
                  }
               while (block_buf[i].di_mode==DIEMPTY)
                  {    cur_di++;
                       i++;
                  }
                if (i==NICINOD)
                     block_end_flag=1;
              else
               {     filsys.s_inode[filsys.s_pinode--]=cur_di;
                 count++;
                }
        }
      filsys.s_rinode=cur_di;
 }

   temp_inode=iget(filsys.s_inode[filsys.s_pinode]); //分配内存 i 节点
   temp_inode->i_ino =filsys.s_inode[filsys.s_pinode];   //设置磁盘 i 节点号
   fseek(fd,DINODESTART+filsys.s_inode[filsys.s_pinode] * sizeof(struct
dinode),SEEK_SET);
   fwrite(&temp_inode->di_number,1,sizeof(struct dinode),fd);

   ++ filsys.s_pinode;
   --filsys.s_ninode;      //磁盘 i 结点总数-1,置超级块修改标志,返回
   filsys.s_fmod=SUPDATE;

   return temp_inode;
}
```

```
ifree(dinodeid)   /* ifree */
unsigned dinodeid;
{    filsys.s_ninode++;
if (filsys.s_pinode! =NICINOD)              /* not full */
{      filsys.s_inode[filsys.s_pinode]=dinodeid;
filsys.s_pinode++;
}
else                        /* full */
      if (dinodeid<filsys.s_rinode)
                     {      filsys.s_inode[NICINOD]=dinodeid;
filsys.s_rinode=dinodeid;
}
}
```

4.3.2.5 磁盘块分配与释放函数 balloc()与 bfree()(文件名 ballfre.c)

```
#include "stdio.h"
#include "filesys.h"
static unsigned int block_buf[BLOCKSIZ];
unsigned int balloc( )
{    unsigned int free_block,free_block_num;
          int i;


   if (filsys.s_nfree==0)
{  printf("\n Disk Full!!! \n");
    return DISKFULL;
  }

  free_block=filsys.s_free[filsys.s_pfree];
  if(filsys.s_pfree==NICFREE-1)
  {
    fseek(fd,DATASTART+BLOCKSIZ * (iCur_free_block_index+NICFREE-1),SEEK_SET);
    fread(block_buf,1,BLOCKSIZ,fd);
    free_block_num=block_buf[NICFREE];     /* the total block num in the group */
     for(i=0;i<free_block_num;i++)
        filsys.s_free[NICFREE-1-i]=block_buf[i];
    filsys.s_pfree=NICFREE - free_block_num;
  }
  else filsys.s_pfree+=1;
```

```
   filsys.s_nfree-=1;
   filsys.s_fmod=SUPDATE;
   return free_block;
}

bfree(block_num)
unsigned int block_num;
{
          int i;

 if(block_num>=0&&block_num<=3)
      return;
          filsys.s_pfree-=1;
 if (filsys.s_pfree==0&&iCur_free_block_index!=11)          /* s_free full */
        {
              block_buf[NICFREE]=NICFREE;
              for(i=0;i<NICFREE;i++)
                      block_buf[i]=filsys.s_free[NICFREE-1-i];
              filsys.s_pfree=NICFREE-1;
         }

         if(iCur_free_block_index!=11)
         {      iCur_free_block_index-=NICFREE;
              fseek(fd,DATASTART+BLOCKSIZ*(iCur_free_block_index-1),SEEK_SET);
              fread(block_buf,1,BLOCKSIZ,fd);
              filsys.s_nfree++;
              filsys.s_fmod=SUPDATE;
         }
}
```

4.3.2.6 搜索函数 namei()和 iname()(文件名 name.c)

```
#include "string.h"
#include "stdio.h"
#include "filesys.h"
unsigned int namei(name)          /* namei 目录搜索函数 */
char *name;
{ int i,notfound=1;
   for(i=0;((i<dir.size)&&(notfound));i++)
      if ((!strcmp(dir.direct[i].d_name,name)) &&(dir.direct[i].d_ino!=0))
/* find */
```

```
            return i;

    return NULL;                                    /* not find */
};


unsigned short iname(name)     /* iname */
char  * name;
{    int i,notfound=1;
    for(i=0; ((i<DIRNUM)&&(notfound)); i++)
    if (dir.direct[i].d_ino==0)
   {    notfound=0;
        break;
    }

    if (notfound)
   {    printf("\n The current directory is full!!! \n");
        return 0;
    }
   else
   {
        strcpy(dir.direct[i].d_name,name);
        return i;
    }
}
```

4. 3. 2. 7　访问控制函数 access()(文件名 access. c)

```
  #include "stdio.h"
#include "filesys.h"
unsigned int access(user_id,inode,mode)
unsigned int user_id;
struct inode  * inode;
unsigned short mode;
{ int j,k;
  for(j=0; j<USERNUM; j++)
      if(user[j].u_uid ==user_id)
      {
         k=j;
         break;
      }
```

```
  switch(mode)
 {
case READ:
            if (inode->di_mode&ODIREAD)   return 1;
            if ((inode->di_mode&GDIREAD)&&(user[k].u_gid==inode->di_gid)) return 1;
            if ((inode->di_mode&UDIREAD)&&(user[k].u_uid==inode->di_uid)) return 1;
            return 0;
case WRITE:
            if (inode->di_mode &ODIWRITE)   return 1;
     if((inode->di_mode &GDIWRITE)&&(user[k].u_gid==inode->di_gid)) return 1;
        if((inode->di_mode&UDIWRITE)&&(user[k].u_uid==inode->di_uid)) return 1;
            return 0;
case EXICUTE:
            if (inode->di_mode &ODIEXICUTE)   return 1;
     if((inode->di_mode&GDIEXICUTE)&&(user[k].u_gid==inode->di_gid)) return 1;
      if((inode->di_mode&UDIEXICUTE)&&(user[k].u_uid==inode->di_uid)) return 1;
             return 0;

case FAPPEND:
             return 1;

case DEFAULTMODE:
             return 1;
default:
             return 0;
}
}
```

4.3.2.8　显示列表函数 dir()和目录创建函数 mkdir()等(文件名 dir.c)

```
#include "stdio.h"
#include "string.h"
#include "filesys.h"
_dir()         /* dir */
{   unsigned int di_mode;
    int i,j,one;
    struct inode * temp_inode;

    printf("\nCURRENT DIRECTORY:\n");
```

```
for(i=0; i<DIRNUM; i++)
{
   if(! (strcmp(dir.direct[i].d_name,""))&&(dir.direct[i].d_ino==0))
       {
           dir.size =i;
break;
}
  }

for(i=0; i<dir.size; i++)
{
  if (dir.direct[i].d_ino! =DIEMPTY)
      {printf("% 14s,dir.direct[% d].d_ino =% d, 属性:",dir.direct[i].d_name,i,dir.direct[i].d_ino);
          temp_inode=iget(dir.direct[i].d_ino);

  di_mode=temp_inode->di_mode;
  for(j=0; j<12; j++)
               {     one=di_mode% 2;
                     di_mode=di_mode/2;
                     if (one)
                printf("x");
                     else
                printf("- ");
               }

        if(temp_inode->di_mode & DIFILE)
        {     printf("    % d    bytes\ n",temp_inode->di_size);
              printf("block chain of the file:");
              for(j=0; j<temp_inode->di_size/BLOCKSIZ+1; j++)
                     printf("% d- - ",temp_inode->di_addr[j]);

    printf("end\ n");
          }
        else
            printf("<dir>\ n");
```

```
        iput(temp_inode);
      }

  }

}

mkdir(dirname)      /* mkdir */
char *dirname;
{  int dirid,dirpos;
   struct inode *inode;
   struct direct buf[BLOCKSIZ/(DIRSIZ+2)];
   unsigned int block;

    memset(buf,0,(BLOCKSIZ/(DIRSIZ+2))*sizeof(struct direct));
   dirid=namei(dirname);

   if(dirid! =NULL)
  {      inode=iget(dirid);
         if (inode->di_mode&DIDIR)
           printf("\n directory already existed!! \n");
     else
           printf("\n%s is a file name,&can't creat a dir the same name",dirname);
         iput(inode);
         return;
   }

 dirpos=iname(dirname);
inode=ialloc();
//  inode->i_ino=dirid;
dir.direct[dirpos].d_ino=inode->i_ino;
dir.size++;
/* fill the new dir buf */
strcpy(buf[0].d_name,".");
buf[0].d_ino=inode->i_ino;
strcpy(buf[1].d_name,"..");
buf[1].d_ino=cur_path_inode->i_ino;
block=balloc();
```

```
fseek(fd,DATASTART+ block * BLOCKSIZ,SEEK_SET);
fwrite(buf,1,BLOCKSIZ,fd);
inode->di_size=2 * sizeof(struct direct);
inode->di_number=1;
inode->di_mode=user[user_id].u_default_mode;
inode->di_uid=user[user_id].u_uid| DIDIR;
inode->di_gid=user[user_id].u_gid;
inode->di_addr[0]=block;

iput(inode);
return;
}

chdir(dirname)     /* chdir */
char * dirname;
{   unsigned int dirid;
 struct inode * inode;
unsigned short block;
int i,j,low=0,high=0;
dirid=namei(dirname);

if(dirid==NULL)
  {  printf("\n %s does not existed\n",dirname);
      return ;
  }

inode=iget(dir.direct[dirid].d_ino);
if(! access(user_id,inode,user[user_id].u_default_mode))
  {  printf("\nThe directory %s ,Permission   deny",dirname);
      iput(inode);
      return;
}

/* pack the current directory
for(i=0;i<dir.size;i++)
{ for (;j<DIRNUM;j++)
    {
     printf("\nIn chdir(%s),j =%d",dirname,j);
     if (dir.direct[j].d_ino==0)     break;
```

```
        }
        printf("\ nIn chdir(% s),j2 =% d",dirname,j);
    memcpy(&dir.direct[i],&dir.direct[j],DIRSIZ+2);
dir.direct[j].d_ino=0;
}
*/

/* write back the current directory */
//for(i=0;i<cur_path_inode->di_size/BLOCKSIZ+1;i++)
//     bfree(cur_path_inode->di_addr[i]);
for(i=0;i<dir.size;i+=BLOCKSIZ/(sizeof(struct direct)))
  {
   if(i>0)
       {
          block=balloc();
          cur_path_inode->di_addr[i]=block;
          fseek(fd,DATASTART+block * BLOCKSIZ,SEEK_SET);
          fwrite(&dir.direct[i],1,BLOCKSIZ,fd);
       }
    else
        {
           fseek(fd,DATASTART+cur_path_inode->di_addr[0] * BLOCKSIZ,SEEK_SET);
           fwrite(&dir.direct[0],1,BLOCKSIZ,fd);
         }
   }cur_path_inode->di_size=dir.size* (sizeof(struct direct));
iput(cur_path_inode);
cur_path_inode=inode;

/* read the change dir from disk */
j=0;
for(i=0;i<inode->di_size/BLOCKSIZ+1;i++)
   {
       fseek(fd,DATASTART+inode->di_addr[i] * BLOCKSIZ,SEEK_SET);
       fread(&dir.direct[j],1,BLOCKSIZ,fd);
       j+=BLOCKSIZ/(DIRSIZ+2);
   }
return;
}
```

实验任务：编写主函数，使以上程序段成为一个完整的程序并能实现一些文件操作。

第5章　磁盘调度

5.1　实验目的

(1)理解磁盘调度的概念。

(2)通过磁盘调度算法模拟设计,掌握各种磁盘调度算法的思想。

5.2　预备知识

操作系统的任务之一就是有效地使用硬件。对磁盘驱动器,满足这一要求意味着要有较快的访问速度和较宽的磁盘空间。

磁盘带宽是指所传递的总字节数除以从服务请求开始到最后传递结束时的总时间。

访问时间有寻道时间和旋转延迟两个主要部分。

· 寻道时间。磁臂将磁头移动到包含目标扇区的柱面的时间。

· 旋转延迟。磁盘需要将目标扇区转动到磁头下的时间。

此外还有最小化寻道时间,它指寻道时间可以用寻道距离来表示。

磁盘是可被多个进程共享的设备,当多个进程请求访问磁盘时,应采用一种适当的调度算法,使每个进程对磁盘的平均访问时间(主要是寻道时间)最小。

常用的磁盘调度算法有以下几种。

(1)先来先服务调度算法 FCFS(First - Come, First Served)。根据进程请求访问磁盘的先后次序进行调度,其优点是公平、简单且每个进程的请求都能一次得到处理,但寻道时间可能较长。

(2)最短寻道时间优先调度算法 SSTF(Shortest - Seek - Time - First)。选择所访问磁道与磁头当前所在磁道距离最近的进程优先调度,但不能保证平均寻道时间最短。该算法具有较好的寻道性能,但可能导致进程饥饿现象。

(3)扫描算法(电梯调度算法)SCAN。磁臂从磁盘的一端向另一端移动,同时当磁头移过每个柱面时,处理位于该柱面上的服务请求。当到达另一端时,磁头改变移动方向,处理继续。磁头在磁盘上来回扫描。

(4)循环扫描算法 C - SCAN。规定磁头单向移动,避免某些进程磁盘请求的严重延迟。此方法是 SCAN 调度的变种,主要提供一个更为均匀的等待时间。与 SCAN 一样,C - SCAN 将磁头从磁盘一端移到磁盘的另一端,随着移动而不断地处理请求。不过,当磁头移到另一端时,它马上返回到磁盘开始,返回时并不处理请求。C - SCAN 调度算法基本上将柱面当做一个环链,用于将最后柱面和第一柱面相连。

(5)LOOK 调度与 C-LOOK 调度。事实上,SCAN 与 C-SCAN 算法都不是那样实现的。通常,磁头只移动到一个方向上最远的请求为止。接着,它马上回头,而不是继续到磁盘的尽头。这种形式的 SCAN 和 C-SCAN 称为 LOOK 调度和 C-LOOK 调度。

调度算法的原则如下:

· SSTF 较为普通且很有吸引力。

· SCAN 和 C-SCAN 对磁盘负荷较大的系统会执行得更好,这是因为它不能产生饥饿问题。

· 对于任何调度算法,性能依赖于请求的类型与数量。

· 磁盘服务请求很大程度上受文件分配方法所影响。

· 磁盘调度算法应作为一个操作系统的独立模块,这样如果有必要,它可以替换成另一个不同的算法。

· SSTF 或 LOOK 是比较合理的默认算法。

5.3 实验内容

本程序在 Windows C++下编程实现先来先服务、最短寻道优先和 LOOK 算法 3 种调度算法。

磁道服务顺序从指定的文本文件(hard. txt 文件)中取出。阅读源程序,完成实验任务。

```
#include<stdio.h>
#include<iostream.h>
#include<string.h>
#include<math.h>
Const int MAXQUEDE=200;               //定义队列最大数
//结构体定义
typedef struct node{
int go;                               //被访问磁道位置
int visited;                          //是否被访问
}qu;

qu queue[MAXQUEUE];
int quantity;
int start;                            //定义开始时磁头所在位置
//初始化函数
void initial()
{
int i;
```

```
for(i=0;i<MAXQUEUE;i++){
queue[i].go=-1;
queue[i].visited=0;
}
}

//读入磁道号流
void readData()
{
FILE * fp;
char fname[20];
int temp,i;
cout<<"请输入磁道号流文件名:";
strcpy(fname,"hard.txt");
cin>>fname;
if((fp=fopen(fname,"r"))==NULL){
cout<<"错误,文件打不开,请检查文件名:)"<<endl;
}
else{
while(! feof(p)){
fscanf(fp,"% d",&temp);
queue[quantity].go=temp;
quantity++;
}
cout<<endl<<"--------"<<endl;
cout<<"所读入的磁道号流
for(i=0;i<quantity;i++){
cout<<queue[i].go<<"  ";
}
cout<<endl<<"请求数为:"<<quantity<<endl;
}
cout<<"请输入磁头的初始位置:"
cin>>start;
}

//FIFO 算法
void FIFO()
{
int i;
```

```
int total=0
int current;
cout<<endl<<"--------"<<endl;
cout<<"FIFO 算法的访问磁道号顺序流:"
current=start;
for(i=0; i<quantity; i++){
cout<<queue[i].go<<"  "
total+=abs(queue[i].go-current);
current=queue[i].go;
}
cout<<endl<<"磁头移过的柱面数:"<<total;
}

//最短寻道优先调度法
void shortest()
{
int i,j,p;
int total=0;
int current;
cout<<endl<<"--------"<<endl;
cout<<"最短寻道优先调度算法的访问磁道号顺序流:";
current=start;
for(i=0; i<quantity; i++){
p=0;
while(queue[p].visited!=0){
p++;
}
for(j=p; j<quantity; j+ + ){
if((queue[j].visited==0)&&(abs(current-queue[p].go)>abs(current-queue[j].go))){
p=j
}
}
cout<<queue[p].go<<"  ";
total+=abs(queue[p].go-current)
queue[p].visited=1,
current=queue[p].go;
}
cout<<endl<<"磁头移过的柱面数:"<<total;
}
```

```
//LOOK 算法
void look()
{
int i,j,flag;
int total=0;
int current;
cout<<endl<<"-----------"<<endl;
cout<<"LOOK 算法"<<endl;
//磁头初始向里
cout<<"磁头初始向里的访问磁道号顺序流:";

current=start;
for(i=0;i<quantity;i++){
flag=1000;
p=-1;
for(j=0;j<quantity;j++)
{
if((queue[j].visited==0)&&(queue[j].go>=current))
{
if(abs(queue[j].go-current)<flag)
{
p=j;
flag=abs(queue[j].go-current)
}
}
}
if(p!=-1)
{
cout<<queue[p].go<<" ";
total+=abs(queue[p].go-current);
current=queue[p].go;
queue[p].visited=1;
}
else
{
for(j=0;j,quantity;j++)
{
if((queue[j].visited==0)&&(queue[j].go<current))
```

```
{
(abs(queue[j].gocurrent)<flag);
{ p=j;
flag=abs(queue[j].go- current);
}
}
}
cout<<queue[p].go<<" ";
total+=abs(queue[p].go- current);
current=queue[p].go;
queue[p].visited=1;
}
}
cout<<endl<<"磁头移过的柱面数:"<<total<<endl;

//磁头初始向外
for(i=0;i<quantity;i++){
queue[i].visited=0;
}
total=0;

cout<<"磁头初始向外的访问磁道号顺序流:";

current=start;
for(i=0;i<quantity;i++){
flag=1000;
p=-1;
for(j=0;j,quantity;j++){
if((queue[j].visited==0)&&(queue[j].go<=current)){
if(abs(queue[j]go- current)<flag){
p=j;
flag=abs(queue[j].go- current);
}
}
}
if(p! =-1){
cout<<queue[p].go<<" ";
total+=abs(queue[p].go- current);
current=queue[p].go;
```

```
queue[p].visited=1;
}
else{
for(j=0;j<quantity;j++){
if((queue[j].visited==0)&&(queue[j].go>current)){
if(abs(queue[j].go-current)<flag){
p=j;
flag=abs(queue[j].go-current);
}
}
}
cout<<queue[p].go<<" ";
total+=abs(queue[p].go-current)
current=queue[p].go;
queue[p].visited=1;
}
}
cout<<endl<<"磁头移过的柱面数："<<total;

}

void main()
{ int i;
initial();
readData();
FIFO();
shortest();
for(i=0;i<quangtity;i++){
queue{i}.visited=0;
}
look();
}
```

实验任务：

(1)设计磁道服务顺序 hard. txt 的内容。

(2)写出程序输出结果并分析。

附录1　2011年考研大纲

考试内容包括五大部分：操作系统概述、进程管理、内存管理、文件管理和设备管理。

1. 操作系统概述主要考点如下所示，题型是选择题。

(1)操作系统的定义。

(2)引入单道批处理系统、多道批处理、分时系统、实时系统的原因。

(3)这些不同阶段的操作系统相互之间的共性和差别在什么地方。

(4)操作系统的基本特征和功能。

(5)操作系统的运行环境。

2. 进程管理是重点难点之一，题型包括选择题和综合应用题。

选择题：

(1)进程的概念、基本特征、组成结构。

(2)进程与程序的区别与联系。

(3)进程的状态及其相互转化的条件和过程。

(4)进程间的通信方式。

(5)线程的定义及其与进程的区别与联系。

(6)调度的基本概念、时机、切换过程和各种调度算法。

(7)进程同步的相关概念。

(8)进程同步与互斥的机制。

(9)信号量和PV操作。

(10)管程的基本组成结构和运行过程。

(11)死锁的基本概念。

(12)死锁产生的4个必要条件。

(13)预防、避免、检测和解除死锁的原理和方法。

综合应用题：

(1)PV操作(重中之重)：用PV操作实现经典同步问题及其变形。

(2)调度算法：计算不同调度算法下调度的效率。

(3)银行家算法：由给定的资源分配表格，推出结果。

3. 内存管理，题型包括选择题和综合应用题。

选择题：

(1)内存管理的基本概念，如装入、链接、逻辑地址、物理地址、交换、覆盖。

(2)各种主存分配方式的工作过程以及优缺点比较。

(3)虚存的基本概念，抖动、工作集和程序局部性原理。

(4)请求分段、请求分页的基本原理。

综合应用题：

(1)内存的连续分配算法,例如,给出内存申请和释放序列,求解空闲块列表。

(2)非连续分配管理方式下虚拟地址与物理地址之间的转换。

(3)各种页式置换算法产生缺页数的统计,经典的算法是表格法。

4. 文件管理,题型包括选择题和综合应用题。

选择题:

(1)文件的相关概念。

(2)文件的物理结构和逻辑结构。

(3)目录结构以及目录管理。

(4)文件共享与保护机制。

(5)隐式链接与显式链接。

(6)空闲块的3种不同组织方式。

(7)磁盘的相关概念和参数。

(8)磁盘的结构以及调度算法的特点及其优缺点比较。

综合应用题:

(1)索引文件的目录结构,要熟练掌握计算给定目录树结构下单文件的最大文件大小。

(2)Unix系统的文件系统空闲块的组织方法——成组链接法,要能说清楚空闲块是怎么分配给申请空闲块文件的,以及释放的空闲块如何加入到空闲块组里。

(3)磁盘的调度算法,熟练掌握不同调度算法寻道数的计算。

5. 设备管理,题型包括选择题和综合应用题。

选择题:

(1)I/O设备的分类。

(2)I/O管理的目标与功能、应用结构、控制方式。

(3)I/O调度的相关概念。

(4)设备独立性的相关概念和原理。

(5)容错技术。

综合应用题:

(1)5种I/O控制方式及其之间的比较。

(2)SPOOLING技术以及缓冲策略。

附录 2 练习题

一、填空题

1. 操作系统的基本功能包括________管理、________管理、________管理和________管理。除此之外还为用户使用操作系统提供了用户接口。

2. 如果一个操作系统兼有批处理、分时处理和实时处理操作系统三者或其中两者的功能，这样的操作系统称为____________。

3. 在分时和批处理系统结合的操作系统中引入了“前台”和“后台”作业的概念，其目的是____________。

4. 分时操作系统的主要特征有 3 个，即________、________和________。

5. 实时操作系统与分时操作系统的主要区别是____________和____________。

6. 如果操作系统具有很强的交互性，可同时供多个用户使用，但时间响应不太及时，则属于__________类型；如果操作系统可靠，时间响应及时但仅有简单的交互能力则属于__________类型；如果操作系统在用户提交作业后，不提供交互能力，它所追求的是计算机资源的高利用率，大吞吐量和作业流程的自动化，则属于__________类型。

7. 计算机系统是由__________系统和__________系统两部分组成。

8. 操作系统是计算机系统的一种系统软件，它以尽量合理、有效的方式组织和管理计算机的__________，并控制程序的运行，使整个计算机系统能高效地运行。

9. 在主机控制下进行的输入/输出操作称为__________操作。

10. 按内存中同时运行程序的数目可以将批处理系统分为两类：__________和__________。

11. 并发和__________是操作系统的两个最基本的特征，两者之间互为存在条件。

12. __________系统不允许用户随时干预自己程序的运行。

13. 操作系统的主要性能参数有__________和__________等。__________指的是单位时间内系统处理的作业量。______________指的是在一个给定时间内，系统的一个指定成分被使用的时间比例。

14. 进程的基本特征有__________、__________、独立、异步和结构特征。

15. 信号量的物理意义是当信号量值大于零时表示__________；当信号量值小于零时，其绝对值表示__________。

16. 临界资源的概念是____________，而临界区是指____________。

17. 进程在运行过程中有 3 种基本状态，它们是____________、____________、____________。

18. 进程主要由________、________、________ 3 部分组成，其中________是进程存在的唯一标志。而________部分也可以为其他进程共享。

19. 系统中各进程之间逻辑上的相互制约关系称为__________。

20. 若一个进程已进入临界区,其他欲进入临界区的进程必须__________。

21. 将进程的________链接在一起就形成了进程队列。

22. 用P、V操作管理临界区时,任何一个进程在进入临界区之前应调用__________操作,退出临界区时应调用__________操作。

23. 用信箱实现通信时,应有__________和__________两条基本原语。

24. 在多道程序系统中,进程之间存在着的不同制约关系可以划分为两类:

________与________。________指进程间具有的一定逻辑关系;________是指进程间在使用共享资源方面的约束关系。

25. 对于信号量可以做________操作和________操作,________操作用于阻塞进程,________操作用于释放进程。程序中________和________操作须谨慎使用,以保证其使用的正确性,否则执行时可能发生死锁。

26. 程序顺序执行时有顺序性、__________和可再现性的特点。

27. 有m个进程共享同一临界资源,若使用信号量机制实现对临界资源的互斥访问,则信号量值的变化范围是____________。

28. 设系统中有n(n>2)个进程,且当前不在执行进程调度程序,试考虑下述4种情况:

A. 没有运行进程,有2个就绪进程,n个进程牌等待状态

B. 有1个运行进程,没有就绪进程,n−1个进程处于等待状态

C. 有1个运行进程,有1个就绪进程,n−2个进程处于等待状态

D. 有1个运行进程,n−1逐步形成就绪进程,没有进程处于等待状态

上述情况中,不可能发生的情况是______________。

29. 进程是一个__________态概念,而程序是一个__________态概念。

30. 在一个单处理机系统中,若有5个用户进程,且假设当前时刻为用户态,则处于就绪状态的用户进程最多有__________个,最少有__________个。

31. 操作系统中,对信号量S的P原语操作定义中,使进程进入相应等待队列,等待的条件是________。

32. 下面关于进程的叙述不正确的是__________。

A. 进程申请CPU得不到满足时,其状态变为等待状态

B. 在单CPU系统中,任一时刻有一个进程处于运行状态

C. 优先级是进行进程调度的重要依据,一旦确定不能改变

D. 进程获得处理机而运行是通过调度而实现的

33. 信箱逻辑上分成__________和__________两部分。__________中存放有关信箱的描述。________由若干格子组成,每格存放一信件,格子的数目和大小在创建信箱时确定。

34. 进程的调度方式有两种,一种是__________,另一种是__________。

35. 死锁是指在系统中的多个______________无限期地等待永远不会发生的条件。

36. 一种最常用的进程调度算法是把处理机分配给具有最高优先权的进程。而确定优先权的方法概括起来不外乎是基于________特性和__________特性两种方法。前者所得到的是________优先权,后者所得到的是________优先权。

37. 进程调度负责____________的分配工作。

38. 死锁产生的必要条件有 4 个，即________、________、________、________。

39. 解除死锁常用的方法有两种。________是从其他进程那里剥夺足够数量的资源给________进程，以解除死锁状态。

40. 银行家算法中，当一个进程提出的资源请求将导致系统从________进入________时，系统就拒绝它的资源请求。

41. 将作业地址空间中的逻辑地址转换为主存中的物理地址的过程称为________。

42. 在请求页式管理中，页面置换算法常用的是________和________。

43. 把________地址转换为________地址的工作称为地址映射。

44. 重定位的方式有________和________两种。

45. 分区管理中采用“首次适应”分配算法时，应将空闲区按________次序登记在空闲区表中。

46. 在虚存管理中，虚拟地址空间是指逻辑地址空间，实地址空间是指________；前者的大小只受________限制，而后者的大小受________。

47. 在段式虚拟存储管理中，程序所使用的最大段数以及段的最大长度是由________来决定的。

48. 若选用的________算法不合适，可能会出现抖动现象。

49. 设备管理中采用的数据结构有________、________、________、________等四种。

50. 从资源管理（分配）的角度出发，I/O 设备可分为________、________和________ 3 种类型。

51. 通道指专门用于负责输入/输出工作的处理机。通道所执行的程序称为________。

52. 虚拟设备是通过________技术把________设备变成能为若干用户________的设备。

53. 实现 SPOOLING 系统时，必须在磁盘上开辟出称为________和________的专门区域以存放作业信息和作业执行结果。

54. 打印机是________设备，磁盘是________设备。

55. 索引文件大体上由________区和________区构成。其中________区一般按关键字的顺序存放。

56. 文件的物理组织有顺序、________和索引。

57. 磁盘文件目录表的内容至少应包含________和________。

58. 在文件系统中，若按逻辑结构划分，可将文件划分成________和记录式文件两大类。

59. 从文件管理角度看，文件由________和文件体两部分组成。

60. 在文件系统中，要求物理块必须连续的物理文件是________。

61. ________算法选择与当前磁头所在磁道距离最近的请求作为下一次服务的对象。

62. 访问磁盘时间由 3 部分组成，即________、________和________。

二、选择题

1. 操作系统是一种________。

A. 通用软件　　B. 系统软件　　C. 应用软件　　D. 软件包

2. 操作系统的________管理部分负责对进程进行调度。

A. 主存储器　　B. 控制器　　C. 运算器　　D. 处理机

3. 从用户的观点看，操作系统是________。

A. 用户与计算机之间的接口

B. 控制和管理计算机资源的软件

C. 合理地组织计算机工作流程的软件

D. 由若干层次的程序按一定的结构组成的有机体

4. 操作系统的功能是进行处理机管理、________管理、设备管理及信息管理。

A. 进程　　B. 存储器　　C. 硬件　　D. 软件

5. 操作系统是现代计算机系统不可缺少的组成部分，是为了提高计算机的________和方便用户使用计算机而配备的一种系统软件。

A. 速度　　B. 利用率　　C. 灵活性　　D. 兼容性

6. 操作系统的基本类型主要有________。

A. 批处理系统、分时系统和多任务系统

B. 实时操作系统、批处理操作系统和分时操作系统

C. 单用户系统、多用户系统及批处理系统

D. 实时系统、分时系统和多用户系统

7. 所谓________是指将一个以上的作业放入主存，并且同时处于运行状态，这些作业共享处理机的时间和外围设备等其他资源。

A. 多重处理　　B. 多道程序设计　　C. 实时处理　　D. 共行执行

8. 多道批处理系统的硬件支持是 20 世纪 60 年代初发展起来的________。

A. RISC 技术　　B. 通道和中断机构　　C. 集成电路　　D. 高速内存

9. 分时操作系统通常采用________策略为用户服务。

A. 可靠性和灵活性　　B. 时间片加权分配　　C. 时间片轮转　　D. 短作业优先

10. ________操作系统允许用户把若干个作业提交给计算机系统。

A. 单用户　　B. 分布式　　C. 批处理　　D. 监督

11. 在________操作系统控制下，计算机系统能及时处理由过程控制反馈的数据并作出响应。

A. 实时　　B. 分时　　C. 分布式　　D. 单用户

12. 在下列操作系统的各个功能组成部分中，________不需要硬件的支持。

A. 进程调度　　B. 时钟管理　　C. 地址映射　　D. 中断系统

13. 在进程管理中，当________时，进程从阻塞状态变为就绪状态。

A. 进程被进程调度程序选中　　B. 等待某一事件

C. 等待的事件发生　　D. 时间片用完

14. 分配到必要的资源并获得处理机时的进程状态是________。

A. 就绪状态　　B. 执行状态　　C. 阻塞状态　　D. 撤消状态

15. 若P、V操作的信号量S初值为2,当前值为−1,则表示有________等待进程。

A. 0个　　B. 1个　　C. 2个　　D. 3个

16. 下列的进程状态变化中,________变化是不可能发生的。

A. 运行→就绪　　B. 运行→等待　　C. 等待→运行　　D. 等待→就绪

17. 一个运行的进程用完了分配给它的时间片后,它的状态变为________。

A. 就绪　　B. 等待　　C. 运行　　D. 由用户自己确定

18. 用P、V操作管理临界区时,信号量的初值应定义为________。

A. −1　　B. 0　　C. 1　　D. 任意值

19. 用V操作唤醒一个等待进程时,被唤醒进程的状态变为________。

A. 等待　　B. 就绪　　C. 运行　　D. 完成

20. 进程间的同步是指进程间在逻辑上的相互________关系。

A. 联接　　B. 制约　　C. 继续　　D. 调用

21. 下面对进程的描述中,错误的是________。

A. 进程是动态的概念　　B. 进程执行需要处理机

C. 进程是有生命期的　　D. 进程是指令的集合

22. 信箱通信是一种________通信方式。

A. 直接通信　　B. 间接通信　　C. 低级通信　　D. 信号量

23. 操作系统通过________对进程进行管理。

A. 进程　　B. 进程控制块

C. 进程启动程序　　D. 进程控制区

24. 操作系统通过________对进程进行管理。

A. JCB　　B. PCB　　C. DCT　　D. CHCT

25. 一个进程被唤醒意味着________。

A. 该进程重新占有了CPU　　B. 它的优先权变为最大

C. 其PCB移至等待队列队首　　D. 进程变为就绪状态

26. 下面所述步骤中,________不是创建进程所必需的。

A. 由调度程序为进程分配CPU　　B. 建立一个进程控制块

C. 为进程分配内存　　D. 将进程控制块链入就绪队列

27. 多道程序环境下,操作系统分配系统资源以________为基本单位。

A. 程序　　B. 指令　　C. 进程　　D. 作业

28. 对于两个并发进程,设互斥信号量为mutex,若mutex=0,则________。

A. 表示没有进程进入临界区

B. 表示有一个进程进入临界区

C. 表示有一个进程进入临界区,另一个进程等待进入

D. 表示有两个进程进入临界区

29. 为了进行进程协调,进程之间应当具有一定的联系,这种联系通常采用进程间交换数据的方式进行,这种方式称为________。

A. 进程互斥　　B. 进程同步　　C. 进程制约　　D. 进程通信

30. 在为多道程序所提供的可共享的系统资源不足时,可能出现死锁。但是,不适当的________也可能产生死锁。

A. 进程优先权　　B. 资源的线性分配

C. 进程推进顺序　　D. 分配队列优先权

31. 采用资源剥夺法可解除死锁,还可以采用____________方法解除死锁。

A. 执行并行操作　　B. 撤消进程

C. 拒绝分配新资源　　D. 修改信号量

32. 产生死锁的 4 个必要条件是:互斥、________、循环等待和不剥夺。

A. 请求与阻塞　　B. 请求与保持

C. 请求与释放　　D. 释放与阻塞

33. 发生死锁的必要条件有 4 个,要防止死锁的发生,可以破坏这 4 个必要条件,但破坏__________条件是不太实际的。

A. 互斥　　B. 不可抢占　　C. 部分分配　　D. 循环等待

34. 在分时操作系统中,进程调度经常采用__________算法。

A. 先来先服务　　B. 最高优先权

C. 时间片轮转　　D. 随机

35. 资源的按序分配策略可以破坏___________条件。

A. 互斥使用资源　　B. 占有且等待资源

C. 非抢夺资源　　D. 循环等待资源

36. 在__________的情况下,系统出现死锁。

A. 计算机系统发生了重大故障

B. 有多个封锁的进程同时存在

C. 若干进程因竞争资源而无休止地相互等待他方释放已占有的资源

D. 资源数大大小于进程数或进程同时申请的资源数大大超过资源总数

37. 银行家算法是一种__________算法。

A. 死锁解除　　B. 死锁避免　　C. 死锁预防　　D. 死锁检测

38. 某系统中有 3 个并发进程,都需要同类资源 4 个,试问该系统不会发生死锁的最少资源数是____________。

A. 9　　B. 10　　C. 11　　D. 12

39. 在存储管理方案中,____________可与覆盖技术配合。

A. 页式管理　　B. 段式管理

C. 段页式管理　　D. 可变式分区管理

40. 动态重定位技术依赖于___________。

A. 重定位装入程序　　B. 重定位寄存器

C. 地址机构　　D. 目标程序

41. 虚拟存储器的最大容量____________。

A. 为内存容量之和　　B. 由计算机的地址结构决定

C. 是任意的　　D. 由作业的地址空间决定

42. 在虚拟存储系统中,若进程在内存中占 3 块(开始时为空),采用先进先出页面淘汰算法，当执行访问页号序列为 1、2、3、4、1、2、5、1、2、3、4、5、6 时，将产生 ________ 次缺页中断。

A. 7　　B. 8　　C. 9　　D. 10

43. 很好地解决了“零头”问题的存储管理方法是__________。

A. 页式存储管理　　B. 段式存储管理

C. 多重分区管理　　D. 可变式分区管理

44. 系统“抖动”现象的发生是由__________引起的。

A. 置换算法选择不当　　B. 交换的信息量过大

C. 内存容量不足　　D. 请求页式管理方案

45. 分区管理中采用“最佳适应”分配算法时，宜把空闲区按__________次序登记在空闲区表中。

A. 长度递增　　B. 长度递减

C. 地址递增　　D. 地址递减

46. 实现虚拟存储器的目的是__________。

A. 实现存储保护　　B. 实现程序浮动

C. 扩充辅存容量　　D. 扩充主存容量

47. 采用段式存储管理的系统中，若地址用 24 位表示，其中 8 位表示段号，则允许每段的最大长度是__________。

A. 2^{24}　　B. 2^{16}　　C. 2^{8}　　D. 2^{32}

48. 作业在执行中发生了缺页中断，经操作系统处理后，应让其执行__________指令。

A. 被中断的前一条　　B. 被中断的

C. 被中断的后一条　　D. 启动时的第一条

49. 把作业地址空间中使用的逻辑地址变成内存中物理地址的过程称为__________。

A. 重定位　　B. 物理化　　C. 逻辑化　　D. 加载

50. 首次适应算法的空闲区是__________。

A. 按地址递增顺序连在一起

B. 始端指针表指向最大空闲区

C. 按大小递增顺序连在一起

D. 寻找从最大空闲区开始

51. 下述__________页面淘汰算法会产生 Belady 现象。

A. 先进先出　　B. 最近最少使用　　C. 最不经常使用　　D. 最佳

52. 在一个页式存储管理系统中，页表内容如下所示：

页号	块号
0	2
1	1
2	6
3	3
4	7

若页的大小为 4K,则地址转换机构将逻辑地址 0 转换成物理地址为__________。

A. 8192　　B. 4096　　C. 2048　　D. 1024

53. 引入缓冲的主要目的是__________。

A. 改善 CPU 和 I/O 设备之间速度不匹配的情况

B. 节省内存

C. 提高 CPU 的利用率

D. 提高 I/O 设备的效率

54. CPU 输出数据的速度远远高于打印机的打印速度,为了解决这一矛盾,可采用__________。

A. 并行技术　　B. 通道技术　　C. 缓冲技术　　D. 虚存技术

55. 为了使多个进程能有效地同时处理输入和输出,最好使用_____结构的缓冲技术。

A. 缓冲池　　B. 闭缓冲区环　　C. 单缓冲区　　D. 双缓冲区

56. 如果 I/O 设备与存储设备进行数据交换不经过 CPU 来完成,这种数据交换方式是_____。

A. 程序查询　　B. 中断方式　　C. DMA 方式　　D. 无条件存取方式

57. 如果有多个中断同时发生,系统将根据中断优先级响应优先级最高的中断请求。若要调整中断事件的响应次序,可以利用__________。

A. 中断向量　　B. 中断嵌套　　C. 中断响应　　D. 中断屏蔽

58. 以下叙述中正确的为__________。

A. 在现代计算机中,只有 I/O 设备才是有效的中断源

B. 在中断处理过程中必须屏蔽中断

C. 同一用户所使用的 I/O 设备也可能并行工作

D. SPOOLING 是脱机 I/O 系统

59. __________是操作系统中采用以空间换取时间的技术。

A. SPOOLING 技术　　B. 虚拟存储技术

C. 覆盖与交换技术　　D. 通道技术

60. 操作系统中的 SPOOLING 技术,实质是将________转化为共享设备的技术。

A. 虚拟设备　　B. 独占设备　　C. 脱机设备　　D. 块设备

61. SPOOLING 系统提高了__________利用率。

A. 独占设备　　B. 共享设备　　C. 文件　　D. 主存储器

62. 在操作系统中,用户在使用 I/O 设备时,通常采用__________。

A. 物理设备名　　B. 逻辑设备名　　C. 虚拟设备名　　D. 设备牌号

63. 按________分类可将设备分为块设备和字符设备。

A. 从属关系　　B. 操作特性　　C. 共享属性　　D. 信息交换单位

64. 利用虚拟设备达到 I/O 要求的技术是指__________。

A. 利用外存作缓冲,将作业与外存交换信息和外存与物理设备交换信息两者独立起来,并使它们并行工作的过程

B. 把 I/O 要求交给多个物理设备分散完成的过程

C. 把 I/O 信息先存放在外存,然后由一台物理设备分批完成 I/O 要求的过程

D. 把共享设备改为某个作业的独享设备,集中完成 I/O 要求的过程

65. 将系统中的每一台设备按某种原则进行统一的编号,这些编号作为区分硬件和识别设备的代号,该编号称为设备的__________。

A. 绝对号　B. 相对号　C. 类型号　D. 符号名

66. 通道是一种 __________。

A. I/O 端口　B. 数据通道　C. I/O 专用处理器　D. 软件工具

67. 从用户角度看,引入文件系统的主要目的是__________。

A. 实现虚拟存储　B. 保存系统文档

C. 保存用户和系统文档　D. 实现对文件的按名存取

68. 文件系统中用__________管理文件。

A. 作业控制块　B. 外页表　C. 目录　D. 软硬件结合的方法

69. 为了对文件系统中的文件进行安全管理,任何一个用户在进入系统时都必须进行注册,这一级安全管理是__________安全管理。

A. 系统级　B. 目录级　C. 用户级　D. 文件级

70. 为了解决不同用户文件的"命名冲突"问题,通常在文件系统中采用__________。

A. 约定的方法　B. 多级目录　C. 路径　D. 索引

71. 对一个文件的访问,常由__________共同限制。

A. 用户访问权限和文件属性

B. 用户访问权限和用户优先级

C. 优先级和文件属性

D. 文件属性和口令

72. 磁盘上的文件以__________单位读写。

A. 块　B. 记录　C. 柱面　D. 磁道

73. 磁带上的文件一般只能__________。

A. 随机存取　B. 顺序存取　C. 以字节为单位存取　D. 直接存取

74. 最常用的流式文件是字符流文件,它可看成是__________的集合。

A. 字符序列　B. 数据　C. 记录　D. 页面

75. 在文件系统中,文件夹的不同物理结构有不同的优缺点。在下列文件的物理结构中,__________不具有直接读写文件任意一个记录的能力。

A. 顺序结构　B. 链接结构　C. 索引结构　D. HASH 结构

76. 如果文件采用直接存取方式且文件大小不固定,则宜选择__________文件结构。

A. 直接　B. 顺序　C. 随机　D. 索引

77. 文件系统采用二级目录结构,这样可以__________。

A. 缩短访问文件存储器时间

B. 实现文件共享

C. 节省主存空间

D. 解决不同用户之间的文件名冲突问题

参考答案

一、填空题

1. 进程、内存、文件和设备。
2. 通用操作系统。
3. 为了提高 CPU 的利用率。
4. 及时性、交互性和独立性。
5. 及时性和高可靠性。
6. 分时操作系统、实时操作系统、批处理操作系统。
7. 软件、硬件。
8. 软硬件资源。
9. 联机输入/输出。
10. 单道批处理系统和多道批处理系统。
11. 共享。
12. 批处理系统。
13. 吞吐率和利用率,吞吐率,利用率。
14. 动态、并发。
15. 可利用的资源数目、因申请该资源而被堵塞的进程数目。
16. 一次仅允许一个进程访问的资源、进程中访问临界资源的那段程序代码。
17. 允许状态、就绪状态、堵塞状态。
18. 程序段、数据段、进程控制块,进程控制块、程序段。
19. 进程同步。
20. 等待。
21. 进程控制块。
22. P、V。
23. 发送、接收。
24. 同步、互斥,同步、互斥。
25. P、V,P、V,P、V。
26. 封闭性。
27. 1、1－m。
28. A。
29. 静、动。
30. 4、0。
31. $S<0$。

32. C。
33. 信箱头、信箱体，信箱头、信箱体。
34. 剥夺方式、非剥夺方式。
35. 进程。
36. 静态、动态，静态、动态。
37. 处理机。
38. 互斥条件、部分分配条件、不可剥夺条件、环路条件。
39. 资源剥夺法。
40. 安全状态、不安全状态。
41. 地址重定位。
42. 先进先出、最近最久未使用。
43. 逻辑、物理。
44. 静态重定位、动态重定位。
45. 地址递增。
46. 物理地址空间、机器的地址长度、物理内存大小限制。
47. 逻辑地址结构。
48. 页面置换。
49. 系统设备表、设备控制表、控制器控制表、通道控制表。
50. 独享、共享、虚拟。
51. 通道程序。
52. SPOOLING、独享、共享。
53. 输入井、输出井。
54. 独占、共享。
55. 索引、数据，索引。
56. 连接。
57. 文件名、文件在磁盘上的存储地址。
58. 字节流式文件。
59. 文件控制块。
60. 顺序文件。
61. 最短寻道时间优先。
62. 寻道时间、旋转延迟时间、传输时间。

二、选择题。

1—5. BDABB	6—10. BBBCC	11—15. AACBB	16—20. CADBB
21—25. DBBBD	26—30. ADCBC	31—35. BAACD	36—40. CBBDB
41—45. BDAAA	46—50. DBBAA	51—55. ABACA	56—60. CACAB
61—65. ABDAD	66—70. CDCCB	71—75. AABAA	76—77. CD

参考文献

[1]庞丽萍.操作系统原理[M].武汉:华中科技大学出版社,2000.
[2]张坤,姜立秋,赵慧然.操作系统实验教程[M].北京:清华大学出版社,2008.
[3]周苏,金海溶,李洁.操作系统原理实验[M].北京:科学出版社,2003.